"十二五"全国高校数字游戏设计专业精品教材

- 基于IOS和OSX平台应用和游戏程序设计的编程语言
- Swift的原生技术以及功能模块
- 案例剖析实际项目的功能构成与开发思路

Swift
游戏开发实战

刘 阳 编著

海洋出版社

2015年·北京

内 容 简 介

Swift 是由苹果公司发布的基于 IOS 和 OSX 平台应用和游戏程序设计的编程语言，有着高效、安全、简洁的技术特点。本书以循序渐进的方式，介绍了 Swift 的原生技术以及功能模块，同时通过丰富的案例剖析实际项目的功能构成与开发思路，帮助读者掌握 Swift 语言的使用方法和技巧。

全书共分为 22 章，着重介绍了 Swift 语言简介、Swift 语言基础、基本操作符、XAML 的应用、控制流、函数、闭包、枚举类型、类和结构体、方法、类的继承、自动引用计数、可选链、类型转换、扩展、协议、泛型、访问控制、高级操作符和 SpriteKit 引擎等知识。最后通过制作进击的小鸟—Flappybird 和经典游戏打砖块两个综合范例，介绍了使用 Swift 开发游戏的过程和方法。

适用范围：本书适合作为全国高校数字游戏设计专业教材、游戏制作培训班教材以及游戏设计师与爱好者的自学参考书。

说明：本书中部分范例的代码文件请到 http://pan.baidu.com/s/1o67kMMm 中下载，或者联系 474316962@qq.com。

图书在版编目(CIP)数据

Swift 游戏开发实战/刘阳编著. —北京：海洋出版社，2015.6
ISBN 978-7-5027-9168 -1

Ⅰ.①S… Ⅱ.①刘… Ⅲ. ①游戏程序—程序设计 Ⅳ. ①TP311.5

中国版本图书馆 CIP 数据核字（2015）第 123311 号

总 策 划：刘 斌		发 行 部：(010) 62174379（传真）(010) 62132549	
责任编辑：刘 斌		(010) 68038093（邮购）(010) 62100077	
责任校对：肖新民		网 址：www.oceanpress.com.cn	
责任印制：赵麟苏		承 印：北京旺都印务有限公司印刷	
排 版：海洋计算机图书输出中心 晓阳		版 次：2015 年 6 月第 1 版	
出版发行：海洋出版社		2015 年 6 月第 1 次印刷	
地 址：北京市海淀区大慧寺路 8 号（716 房间）		开 本：787mm×1092mm 1/16	
100081		印 张：13.25	
经 销：新华书店		字 数：318 千字	
技术支持：(010) 62100055		印 数：1～4000 册	
		定 价：45.00 元	

本书如有印、装质量问题可与发行部调换

前　言

　　Swift 是苹果公司在 WWDC2014（Apple Worldwide Developers Conference. June 2-6, San Francisco）发布的新的编程语言。Swift 可用于开发运行 iOS 和 OS X 平台上的应用和游戏程序，由 LLVM 项目主要发起人和作者 Chris Lattner 耗时 4 年开发完成，Swift 语言有着高效、安全、简洁的技术特点，有望在未来取代 Objective-C，成为在 iOS 和 OS X 平台上的主流开发语言，为了让更多的人了解并使用这门新技术并可以顺利运用到实际中，我们编写了本书，并希望更多的人能够以此为基石，创造更多富有想象力的应用与游戏。

　　本书分为两部分：

　　第一部分为 Swift 语言基础部分，包括第 1~19 章，主要介绍了 Swift 语言基础、基本操作符、XAML 的使用、控制流、函数、闭包、枚举类型、类和结构体、方法、类的继承、自动引用计数（ARC）、可选链、类型转换、扩展、协议、泛型、访问控制和高级操作符等内容。建议有 Objective-C 或其他移动平台开发经验的读者用一天到两天的时间完成阅读，对于编程经验比较少的新手，建议在这一部分多花一些时间，巩固好语言基础。

　　第二部分为游戏开发引擎及实例，包括第 20~22 章，主要介绍了如何使用 Swift 语言开发游戏和应用，并深入浅出地讲解了风靡 AppStore 的几款游戏案例，如进击的小鸟——Flappybird 和打砖块。

　　本书可作为全国高校移动开发相关专业教材，从事 iOS 和 OS X 平台游戏和应用的研发人员、对新技术新方向抱有好奇心的开拓者、不了解 Objective-C 但是想轻松写出 iOS 平台程序的开发者的自学指导书。

　　本书由刘阳编著，在编写过程中得到了刘一宪、王淑靖、刘立君、安玉梅、刘聪的帮助。特别感谢为本书进行审阅和提出指导建议的出版社编辑，不辞劳苦使本书得以付梓面世。

目 录

第 1 章　Swift 语言简介

Swift 语言一经发布便引起了广大开发者的关注，对于刚刚接触 iOS 开发的程序员来说，Swift 拥有工业级标准并充满趣味，它支持 Playground 技术，更方便大家学习新特性，调试代码。对于有 iOS 开发经验的工程师，也可以通过将 Swift 和 Objective-C 混编等特性，让已有的工程更加高效强大。

 本章重点

➤ Swift 的概念
➤ 搭建 Swift 开发环境
➤ 创建第一个 Swift 工程
➤ Playground

1.1　Swift 的概念

Swift 是一种用于编写 iOS 和 OS X 程序的新编程语言。它结合了 C 与 Objective-C 的诸多优点又不受制于 C 兼容性的限制。Swift 采用安全的编程模式并加以诸多新特性，使得编程灵活简易。Swift 基于广受好评的 Cocoa 与 Cocoa Touch 框架，它将改变软件开发的未来。

Swift 的研发始于多年之前。苹果公司改进了现有的编译器、调试器和框架作为其基础架构。通过使用 ARC（Automatic Reference Counting，自动引用计数）来简化内存管理，我们的框架基于 Cocoa 并进一步将其标准化。Objective-C 已经逐步进化到支持 block、collection literals 和 modules，使得我们可以轻松使用现代编程语言。

如果使用过 Objective-C，那一定会对 Swift 有一种似曾相识的感觉。因为它采用了 Objective-C 的命名参数以及动态对象模型，并可以兼容现有的 Objective-C 代码和 Cocoa 框架。以此为基础，Swift 引入了将面向对象和面向过程结合等诸多新功能与新特性。

Swift 对于初学者也十分友好。它拥有像脚本语言一样简洁有趣又不改其工业级别的品质。Swift 还支持 Playground。这个实用的功能使开发者无须编译或运行程序即可实时看到 Swift 代码运行的结果。

Swift 巧妙结合了现代编程语言的精髓与苹果的工程师文化。编译器以提升性能为目标，语言为开发优化，两者相得益彰，使得 Swift 既可小试牛刀开发"Hello，world"这样的简单程序，又可以构建一个完整的操作系统。所有的这些让 Swift 成为苹果开发者手中新的"屠龙宝刀"。

1.2　Swift 的特点

Swift 在设计之初，参考了 Objective-C，Python，C#，Ruby，Haskell 等诸多语言的特点，博采众长形成了自己简洁高效的语法特性，在本身是静态语言的同时兼顾了动态语言的语法特性。

Swift 支持诸多高级语言特性，如泛型、闭包、多返回值、类型接口、集合。

Swift 通过 LLVM 编译时，会在编译过程中为开发者检查类型异常等错误，为优质代码提供保障。

Swift 支持 Unicode 编码，从此开发者可以用喜欢的任何字符作为变量名，如图 1-1 所示。

例如：

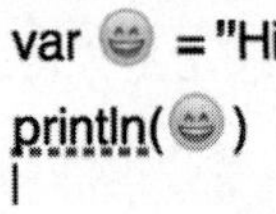

```
var 😄 = "Hi, Swift";
println(😄)
```

图 1-1   使用笑脸作为变量名

Swift 虽然是静态语言，但分号（;）不必出现在每行之后，这点相对 Objective-C 与 Java 等语言会十分方便，只需保证每条语句在不同行书写即可。当然，如果多条语句出现在同一行时，中间必须用分号（;）作为间隔。

例如：var n = 42; var Apple:Compay

Swift 可以实现函数的多返回值，这一点在使用其他语言时实现比较烦琐，往往需要构建一个对象或是结构体才能完成。

1.3   Swift 与 Objective-C 的异同

Objective-C 作为前代苹果御用开发语言，闻名于乔布斯离开苹果之后创建的 NeXT 公司，同属 Mac OS 与 iOS 下的编程利器，大家很自然地就会将这两个语言放在一起对比。

Swift 源于 Objective-C，LLVM 编译器会在编译时将 Swift 翻译为 Objective-C 代码，然后再将 Objective-C 翻译为 C 语言，而后再从 C 语言翻译为汇编语言，最后翻译为机器码。

看起来很烦琐的过程，Swift 仅仅是在 Objective-C 上加了一步。但 Swift 在开发过程中实则更加方便高效，节省了很多在低级重复的无趣代码上浪费的精力，让开发者可以集中精力于业务逻辑层。

使用过 Objective-C 的开发者一定会对[obj method:x1 with:x2]的语法又爱又恨，这种语法虽然保证了代码的可读性，但又显得十分臃肿。显然回归到 C 和 C++语法中使用的 method（x1,x2）就会丢失了可读性。那么我们看 Swift 是如何解决的：

```
person.set("steve", age:20, sex:"male")
```

Swift 引入了标签，这使代码看起来更加清爽，也没有丢弃好的传统。

在使用标签时，我们也要注意以下方面：

1. 调用全局函数时不可以使用标签。

```
fun(1,2,3) //正确
fun(v1:1,v2:2,v3:3) //错误
```

2. 类的函数第一个参数不可以使用标签。

```
person.set("steve", age:20, sex:"male") //正确
person.set(name:"steve", age:20, sex:"male") //错误
```

3. Swift 重新定义了 "nil"。

在 Objective-C 中，nil 表示指向不存在对象的指针。而在 Swift 中 nil 不是指针而是一个 NilType 类型的变量，表示特定类型的值不存在，这点会在后续的章节中详细说明。

4. Swift 不再区分文件（.h）和 源文件（.m），不用再为创建一个新类反复切换窗口了。

```
class Person
{
    var      name:String
    var      age = 0
    init( name:String , age:int )
    {
        self.name = name;
        self.age = age;
    }
    func description( )→String
    {
        return "Name:\( self.name ) ; Age: \( age )";
    }
}
```

5. Swift 对父类的覆盖（override）更为严格。

例如：

```
override func methd {
}
```

当编译器发现方法前带有 override 时，会自动查找父类中是否存在同名的方法。如果发现父类中不存在同名方法则会立即报错。

1.4 搭建 Swift 开发环境

Xcode 是苹果系统上的集成开发工具，包括 Xcode IDE、LLVM 编译器、Instruments、iOS 模拟器、最新 OS X 和 iOS SDK 以及 Swift 编程语言，可以为 Mac OS 和 iOS 系统开发新应用。Swift 语言开发包集成在 Xcode 6.0 版本之后。

首先在 Macintosh 计算机上的 Mac App Store 中搜索 Xcode 并点击下载，Xcode 是完全免费的，所以不必担心会产生额外的费用。

Xcode 一般体积较大（2～3GB），所以下载之前确保有足够的网络带宽以及稳定的下载环境。

不建议使用测试版的 Xcode 用于工程开发，这常常会引发一些未知的崩溃，应尽量使用 Mac App Store 上提供的最新版本。

下载完成后单击 Xcode 图标就可以看到欢迎界面及一些附加的信息，如图 1-2 所示。

如果使用 Xcode 开发 iOS 程序并在自己的 iOS 设备上编译运行，或者发布到 AppStore 给大家使用，需要申请苹果开发者账号。

图 1-2　Xcode 图标以及版本信息

在初学阶段我们可以先使用模拟器（iOS Simulator）来模拟全部过程而无须使用开发者账号。

1.5　创建 Swift 工程

打开 Xcode，可以看到如图 1-3 所示的欢迎界面。

图 1-3　Xcode 欢迎界面

单击 Create a new Xcode project 即可打开工程模板对话框，在其中可以创建一个工程，也可以在最上方的菜单栏中选择"File"->"New"->"Project"打开工程模板对话框，如图 1-4 所示。

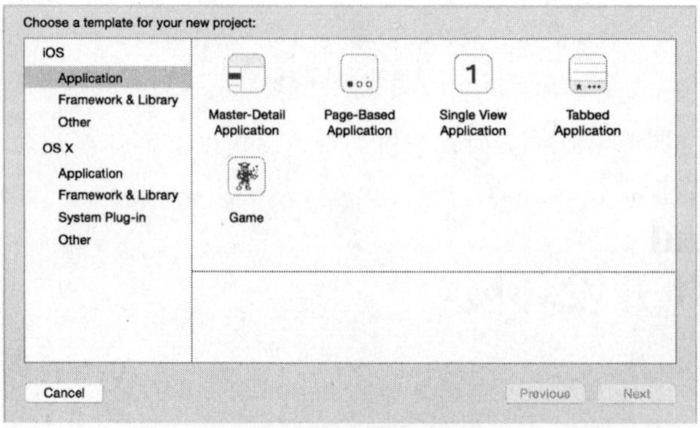

图 1-4　工程模板对话框

在工程模板对话框中，可以创建针对 iOS 和 OS X 平台下各种需求的工程模板，在这里选择 iOS 选项下 Application 中的 Single View Application，单击 Next 即可进行下一步的设置，如图 1-5 所示。

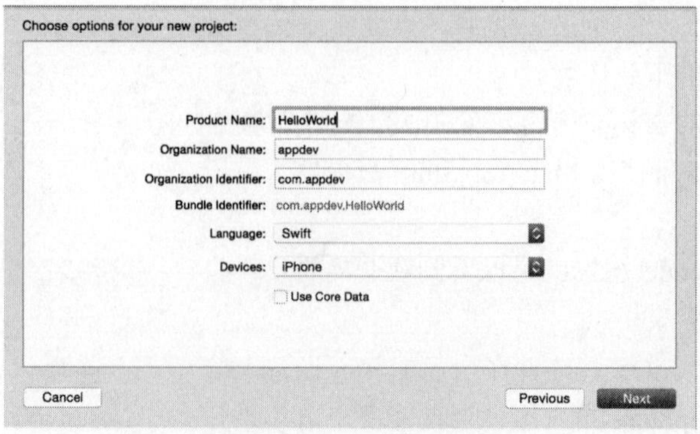

图 1-5　工程信息设置

需要在 Product Name 中对工程指定一个名字,并且在 Language 中切换语言为 Swift 下面的 Device。可以设定该工程的默认 Target 为 iPhone、iPad 或是两者通用的屏幕类型。

点击 Next 后选择保存工程的目录，即可进入工程的主界面，如图 1-6 所示。

在图中可以看到一个 iOS 工程的基本结构，分别用于项目源文件，测试用例文件以及打包输出的工程。在界面的左上方区域，可以选择一个模拟器的类型，如 iPhone6，然后单击三角形的运行按钮，第一个 iPhone App 就运行了，经过短暂的预制开机画面后，如图 1-7 所示，可以看到一个模拟器窗口，虽然只是一个白色背景而没有任何内容的程序，但通过后续内容的学习后，我们会将它变为一个真正的游戏。

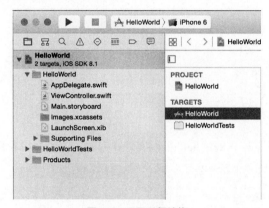

图 1-6　项目工程结构

图 1-7　模拟器界面

★提示　模拟器的默认展示大小会与真实设备的分辨率一致，如果使用的屏幕分辨率过小可能无法展示完整，可以通过使用快捷键 command+2 或者快捷键 command+3 将模拟器等比缩小。

1.6　Playground

在 Xcode6 之后苹果加入了 Playground 功能。在 Playground 中，一切代码都不需要手动运行。Xcode 会自动在代码发生变化后立即显示出结果。通过 Playground，开发者可以快速试验自己的代码而无须编译整个工程，而新手也可以在这里轻松地进行语法试验，调用 api 等练习操作。

创建 Playground 的方法如下：

初级阶段的内容可以在 Playground 中完成。在前文中的图 1-3 中单击 "Get started with a playground" 可以创建一个新的 Playground，如图 1-8 所示。

图 1-8　Playground 信息设置界面

经过对 Playground 命名，单击 Next，选择一个文件保存位置便可以使用 Playground，如图 1-9 所示。

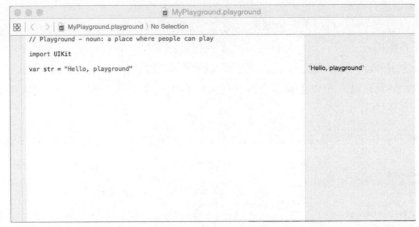

图 1-9　Playground 界面

在图 1-9 左侧的白色区域是编码区，每一行代码的结果，可以实时在右侧的灰色区域看到。

编程语言的第一课通常从"Hello World"开始。在 Swift 中，仅需要一行代码即可实现：

```
println("Hello World")
```

如果写过 C 或者 Objective-C 代码，一定会很熟悉这种形式。在 Swift 中，这一行代码就是一个完整的程序。无须为输入输出或者字符串处理导入一个单独的库，全局作用域中的代码会被自动识别为程序的入口，所以也无须编写一个 main 函数。每行末尾的分号在 Swift 中也可以省略。

需要注意的是，当多条语句同时出现在一行时，必须用分号（;）作为分隔。

例如：

```
var id = 42 //正确
var name = "jobs";var age = 42; //正确
var location = "China" var City = "Beijing" //错误
```

如图 1-10 所示，在将错误的代码输入编码区后，编译器会在出错的行前作红色错误标记，单击错误标记即可在错误位置弹出修正错误提示，这里在同一行书写了多条语句，中间没有添加分号隔离，所以编译器提示在这里添加分号（;），单击提示语句即可修正这个错误，编译通过。

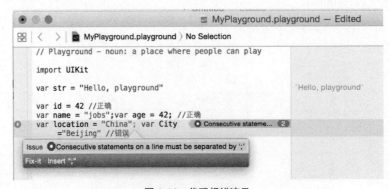

图 1-10　代码报错演示

1.7　本章小结

本章介绍了 Swift 语言的背景信息，并演示了如何搭建编程环境并创建 iOS 工程，这仅仅是学习 Swift 开发的第一步，接下来的章节会从 Swift 的基本语法学习，逐步迈向 Swift 开发的更深层次。

1.8　习题

1. 请分别尝试 Xcode 中不同的模板并将它们编译运行,找出各自的不同。
2. Swift 中的变量名支持 UTF-8 编码，请使用任意汉字作为变量名在 Playground 运行。

第 2 章　Swift 语言基础

虽然 Swift 是一门新语言，但是如果开发者有过 C 或者 Objective-C 开发经验的话，会发现 Swift 的很多内容都是熟悉的。通过学习本章内容可以了解到 Swift 诸多新特性并编写简单的 Swift 程序。

 本章重点

➢ 标示符和关键字
➢ 简单值
➢ 注释
➢ 基本数据类型及操作
➢ 元组
➢ 可选表达式
➢ 强取值表达式

2.1　标示符和关键字

在 Swift 中，标示符是代表程序中某个方法或变量赋予的名称，而且这个名称不可以是关键字，因为关键字已经被预先定义并使用。在 Swift 中所有的字母都采用 Unicode 编码，所以可以自由使用英文、中文甚至表情符号来作为标示符。

需要注意的是：

（1）标示符区分大小写。如 Myidentifier 和 myidentifier 是两个不同的标示符。

（2）标示符不可以以数字开头。如 1name 是错误的标示符。

（3）标示符可以以下划线（_）开头。如_hello 是合法的标示符。

关键字是对编译器具有特殊意义的保留标示符。常见的关键字分为 4 种：

（1）与声明有关的关键字。

class deinit enum extension fun import init let protocol static struct subscript typealias var。

（2）与语句有关的关键字。

break case continue default do else fallthrough if in for return switch where while。

（3）表达式和类型关键字。

as dynamicType is new super self Self Type __COLUMMN__ __FILE__ __FUNCTION__ __LINE__。

（4）在特定上下文中使用的关键字。

associativity didSet get infix inout left mutating none mounting operator overide postifix precedence prefix rightset unowned unowned(safe) weak willSet。

2.2　简单值

常量和变量在程序开发中举足轻重，在创建一个变量并赋值时，实际上在计算机中会开辟一段内存空间来存储对应的值，通过分配不同数据类型的值，可以存储整数、小数、字符类型等。在 Swift 中，变量和常量的数据类型，可以通过编译器推导来确定，所以在大多数情况下，我们无须明文指定这个常量或变量中具体包含的数据类型。

常量就是在程序运行过程中不会变化的量，在声明和初始化常量时，在标示符前面加上关键字 let。例如：

```
let myIndi = "Hello World"
```

可以理解为声明一个名字是 myIndi 的常量，给它赋值为一个内容为 Hello World 的字符串。

而变量就是在程序运行过程中可以改变的量，在声明和初始化变量时，在标示符前加上关键字 var。例如：

```
var persionID = 123
```

可以理解为声明一个名字为 persionID 的变量并初始化值为 123。

可以在一行中声明多个常量或者变量，多个常量或变量间用逗号隔开。例如：

```
var x = 1.0, y = 2.0, z = 3.0
let   a = "1", b = "2", c = "3"
```

当确定代码中某些值不会改动时，应该尽可能地声明为常量，以优化程序运行效率。

提示

★ 提示　在我们给常量或变量赋值时，一定要保证等号两边留有空格，否则 Swift 编译器会认为等号(=)是前置/后置运算符而报错，关于运算符相关的内容会在后续章节详细介绍。

2.3　类型推导

在实际应用中，很少需要自己手动制定常量或者变量的类型，因为在 Swift 语言中，当常量和变量在初始化时会根据初始化的值自动确定常量或者变量的类型，我们称之为隐式类型推导。类型推导不但降低了开发的成本，同时也在编译器级别上保证了代码的安全，使开发者在开发过程中能够尽早地捕捉并修改错误。

例如：

```
var value1 = 42
```

此时 Swift 推断 value1 的数据类型为整型（Int），看起来和整型的内容一样。

```
var value2 = 42.0
```

此时 Swift 推断 value2 的数据类型为浮点型（Double），当 Swift 类型推断为浮点型时，会优先选择 Double 来确保精度而不是 Float。

```
var value3 = "42"
```

当内容被双引号（"）包含时，Swift 会推断为字符串（String）类型。

```
var value4 = 42 +1.0
```

当内容为一个整形与浮点型的表达式时，Swift 会选择保留精度而推断为浮点型（Double）类型。

2.4 类型注释

尽管 Swift 支持强大的类型推导,但当我们声明常量和变量时,依然可以通过类型注释来注明该常量或变量的类型。格式为在常量或变量名之后加冒号（:）、空格和类型名。

例如：

```
var sayHi: String
```

上面的代码可以理解为声明一个叫做 sayHi 的变量，并制定其类型为 String。

这个类型注释可以让 sayHi 变量正确地存储任何 String 类型的值。

例如：

```
sayHi = "Hello world!"
```

2.5 打印常量和变量

Swift 使用 println()和 print()来打印常量和变量,用法类似于 C 语言中的 printf 以及 Objective-C 中的 NSLog 用于在终端输出内容。

```
\r\n' (/r  是回车,return
/n  是换行,newline
```

在平时使用电脑时，已经习惯了回车和换行一次搞定，敲一下回车键，既是回车，又是换行，但在早期的打字机上，要另起一行需要两个步骤，首先要发送命令"/r"将打字头复位，即回车，然后再发送命令"/n"让打字机走纸移到下一行，如果觉得上面比较麻烦，就可以使用自带换行的 println()来进行输出，这两个函数会在我们后续的分析程序中经常使用。

例如：

```
let name = "Peter"
let anotherName = "Jack"

println(name)
print(anotherName+ "\r\n" +"is my firend")
```

结果：

```
Peter
Jack
is my friend
```

有时要一次输出多个变量，并且为了保证输出的内容有较好的可读性，此时需要在输出中加入相关的标记。当要输出的变量都是字符串类型时，可以直接使用+号将它们合并。如果这些变量中有非字符串类型时，我可以使用函数 toString()将它们进行格式转换，将变量的类型转变为字符串类型后再使用+号连接输出。

例如：

```
var name = "jack"
let phoneNumber = 12345678
let isMale:Bool = true

print("Name:"+name+"Phone Number:"+toString(phoneNumber)+"Male?:"+toString(isMale))
```

结果：

```
Name: jack Phone Number: 12345678 Male?: ture
```

2.6 字符串插值

与 Cocoa 中的 NSLog 函数类似，println 函数也可以输出结构更复杂的信息。这些信息可以把当前常量或者变量的名字当做占位符加入到长字符串中，Swift 则会用这些常量或变量当前的值来替换这些占位符。其使用格式是将常量或变量的名字放入括号内并在其前面使用反斜杠转译即可。

例如：

```
println("Name: \(name), Phone Number: \(phoneNumber), Male?:\(isMale)")
```

结果：

```
Name: jack Phone Number: 12345678 Male?: ture
```

2.7 注释

注释是在所有计算机语言中非常重要的概念，有利于帮助开发人员协作以及理解程序。在程序编译过程中，注释范围内的代码会被编译器自动忽略。注释按照类型可以分为单行注释和多行注释以及嵌套注释。Swift 中的注释和 C 语言的注释类似，单行以双正斜杠（//）作为起始标记。

例如：

```
//我是注释  不会被编译
```

单行注释只能注释一行，从//开始到该行结尾都是注释的内容。任何地方都可以加入注释，如函数的内外及每条语句的后面。

例如：

```
var userName = "jack" //用户名
```

多行注释以一个正斜杠加星号（/*）开始到一个星号加正斜杠（*/）结尾。

例如：

```
/*
我是一段
多行注释
*/
```

　　Swift 的注释支持嵌套，所以可以在一个多行注释中嵌套另外一个多行注释，这个特性可以便于在调制中快速注释大块代码。

　　例如：

```
/*
多行注释一
/*内嵌注释*/
多行注释一结尾
*/
```

2.8　基本数据类型

　　Swift 虽然是一门新的语言，但是诸多特性与 C 和 Objective-C 相似。Swift 也提供了与 C 和 Objective-C 相似的基本数据类型，包括整型（Int）、浮点型（Double Float）、布尔类型（Bool）、字符串类型（String）等。

2.8.1　整型

　　整型是编程中最常用的数据类型，在 Swift 中共有 8 种整型可以使用，和 Swift 其他类型一样，这些整型的名字首字母均为大写，分别是

　　8 位整型（Int8）、8 位无符号整型（UInt8）、

　　16 位整型（Int16）、16 位无符号整型（UInt16）、

　　32 位整型（Int32）、32 位无符号整型（UInt32）、

　　64 位整型（Int64）、64 位无符号整型（UInt64）。

　　不同的整型可以储存的值的大小也不同。可以通过查看 min 和 max 属性来确定每个整型的最小值和最大值。

　　例如：

```
println(toString(Int16.min) + " <—> " + toString(Int16.max))
```

　　打印结果为-32767 <—> 32768，从而得知 Int16 的范围是-32767~32768。

　　也可以使用 Swift 内置的变量来快速获取某一类型的最大值或最小值。

　　例如：

```
println(Int16_MAX)
```

　　打印结果为 32767

　　如果声明的 Int16 类型变量或者常量超出这个范围，程序将报错并无法编译通过。

　　例如：

```
var value:Int16 = 99999
```

1. Int

在大多数情况下，并不需要在代码中指定使用哪种整型，Swift 提供了一种额外的选择 Int 类型，该类型会与当前的操作系统平台原生字大小匹配。

（1）对于 32 位平台 Int 大小与 Int32 相同。

（2）对于 64 位平台 Int 大小与 Int64 相同。

2. UInt

Swift 同样提供了一种 UInt 类型，该类型会与当前的操作系统平台原生字大小匹配。

（1）对于 32 位平台 UInt 大小与 UInt32 相同。

（2）对于 64 位平台 UInt 大小与 UInt64 相同。

★ **提 示** 为了使代码更具互通性，避免在不同数值类型转换，在没有特定需求的情况下，即使确认储存的值为非负数，也应尽量使用 Int 来进行编码。

2.8.2 数制转换

Swift 中的数值默认进制为十进制，但参照 C 的书写格式，同样可以通过在数值前面加入标志来使用其他进制。

（1）在数值前面加 "0b" 为二进制。例如：

```
let binary = 0b1010
表示十进制的 10
```

（2）在数值前面加 "0o" 为八进制。例如：

```
let octal = 0o12
表示八进制的 10
```

（3）在数值前面加 "0x" 为十六进制。例如：

```
let hex = 0x1a
表示十六进制的 26
```

（4）另外对于十进制，可以使用指数 e 表示乘以 10 的 n 次方。

例如：

$1.08e^2$ 等于 $1.08 \times 10 \times 10$ 等于 108

（5）对于十六进制可以使用指数 p 来表示 2 的 n 次方

例如：

$0x1ap^2$ 等于 $26 \times 2 \times 2$ 等于 104

2.8.3 浮点型

浮点型指带有小数点后内容的数值，如 3.14。浮点型可以包含比整型范围更广的数值，能够储存比整型更大或者更小的数值，在 Swift 中有两种浮点型可以使用。

（1）Double：即双精度浮点数，代表 64 位浮点数，当浮点数特别大或者要求精度特别高时使用，也可以用 Float64 代替。

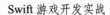
（2）Float：即单精度浮点数，代表 32 位浮点数，当浮点数不需要过高精度时使用。

★提示 Double 具有至少 15 位十进制数字的精度，而 Float 为 6 位十进制数字，在实际运用中如何选择取决于代码中可能出现的值的本质和范围。

浮点类型的变量和常量声明可以如下：

```
var fValue : Float = 0.01
let dValue : Double = 0.00001
var fValue2 : Float64 = 0.00002
```

2.8.4　数字的易读性

在 Swift 中，可以在过长的数字中添加格式化信息，使得它们变得更加易读。整型和浮点型都能通过添加额外的零或下划线来增加易读性，这种方法并不会造成实际的数值变化。

例如：

```
let moreZero = 000123.456
let aMillion = 1_000_000
let aLittleMore = 1_000_000.000_000_1
```

另外，三位数一组只是符合平常的财务和阅读习惯，完全可以用下划线随意分隔数值。

例如：

```
let seperator = 1_2_3_4_5_6
```

2.8.5　数值间的类型转换

常见的数值转换可分为三种：整型间的相互转换、浮点型间的相互转换、整型与浮点型间的相互转换。

1. 整型间的相互转换

对于整型间的转换有三种情况：

（1）从小范围向大范围转换。

例如：已有一个 Int8 类型的整型，要将其转换为 Int32 类型的整型。

```
var i8 : Int8 = 12
var i32 : Int32 = Int32(i8)
```

★提示 由于 Int8 的范围要小于 Int32，所以转换不会丢失精度。

（2）从大范围向小范围转换。

例如：已有一个 Int32 类型的整型，要将其转换为 Int8 类型的整型。

```
var i32 : Int32 = 8
var i8: Int8 = Int8(i32)
```

此时需要特别注意，因为是大范围向小范围转换，所以时常会忘记转换后的数值有可能超出小范围类型的范围而造成程序异常。

（3）UInt 与 Int 型间的转换。

这种情况比较少见，当从 Int 型向 UInt 型转换时，例如：

```
var value :Int32 = 1024
var UValue :UInt32 = Int32(value)
```

此时要注意，所转换的值需处在两种类型可表达范围的交集中，否则会造成程序异常。

同样当 UInt 型向 Int 型转换时，例如：

```
var value2 :UInt32 = 1024
var value3 :Int32 = UInt32(value2)
```

这种情况也需要注意所要转换的数值大小是否在目标类型的取值范围中。

2. 浮点型间的相互转换

浮点型间的转换与整数间转换类似，需要注意大范围向小范围转换时的精度丢失问题。

例如：

```
var f_value : Float    = 0.123
var d_value : Double = Double(f_value)
var f_value2 : Float = Float(d_value)
```

3. 整型与浮点型间的相互转换

在整型与浮点型间的相互转换中，当从整型向浮点型转换时一般是安全的，只需要注意数值越界问题即可。

例如：

```
var int_value : Int32 = 123456
var double_value : Double = Double(int_value)
```

当从浮点型向整型转换时常常会遇到精度丢失的问题。在 Swift 中，浮点型转为整型时会采取舍去的方式，截断小数点后的数值。

例如：

```
var float_value : Float = 1.01
var double_value : Double = 1.99

var int_value1 :Int = Int(float_value)
var int_value2 :Int = Int(double_value)
```

以上两个变量 int_value1 和 int_value2 的值均为 1。

2.8.6 布尔类型

布尔类型是一个广泛用于逻辑判断的数值类型，写法为 Bool，因为 Bool 类型只能表示真或者假，所以它只有两个常量来对应这两种情况，分别是 true 和 false。

例如：

```
let is_swift_cool = true
let all_human_is_chinese = false
```

当初始值为 ture 或 false 时，Swift 会自动把这个变量或者常量推断为布尔类型，所以无须担心会发生类型错误。

条件语句 if..else 是布尔类型出现最多的地方。

例如：

```
if is_swift_cool {
    println("Swift is so cool! ")
} else {
    println("Mmm. I think it is just so so.")
}
```

通过条件语句 if..进行判断，当 is_swift_cool 值为 ture 时，会打印出 Swift is so cool! 语句。当 is_swift_cool 值为 false 时，打印 Mmm. I think it is just so so。

★提 示　与 C 或 Objecitvie-C 不同，上文中的 if 语句后面判断的变量必须为布尔类型，如果出现如下情况程序将在编译时报错：

```
var a_value:Int = 1

if a_value {
//..
} else {
//..
}
```

可以通过简单的修改来使程序正常运行。

```
var a_value:Int = 1

if a_value == 1 {
//..
} else {
//..
}
```
a_value == 1 是判断 a_value 的值是否等于 1，返回的值类型为布尔值。

2.8.7　类型别名

Swift 中的类型别名类似 C++的 typedef，可以为一个类型定义一个可读性更强更直观的名字。类型别名的意义在于，当处理特定长度的数据时使代码更加优美。

例如：

```
typealias pixel_sample = UInt16
//指定 pixel_sample 为 UInt16 的一个类型别名

var sample_count = pixel_sample.min

//因为 pixel_sample 是 UInt16 的类型别名 所以这行代码等价于 var sample_count = UInt16.min

//所以此时 sample_count 的值为 0
```

2.9　字符和字符串

字符和字符串类型是 Swift 中的两种重要类型，可以针对这两种类型做很多诸如查找、转换、比较等操作，这会在实际编程中经常使用。

2.9.1　字符类型

字符类型即 Character，是只可以储存一个 Unicode 字符的类型。

例如：

```
let char1: Character = "a"
let char2: Character = "酷"
let char3: Character = "□"
```

Swift 中的字符类型与其他大多数语言不同，在 Objective-C 中，字符的两边是由单引号（'）括起来，而 Swift 中字符两边的符号是双引号（"）。

★ 提 示　当声明类型为字符的变量或常量时，一定要在常量或变量名后指定为 Character，否则编译器会将所声明的变量或常量识别为字符串类型。字符的存储长度为 1，当所声明的内容为空或者大于 1 个 Unicode 字符时，编译器均会报错。

2.9.2　字符串类型

字符串的类型是 String，代表一个有序的 Unicode 字符的集合。

例如：

```
let str:String = "Hello Swift!"
```

在声明常量或者变量时，初始化的值两端如果由双引号包裹，则会被 Swift 自动推断为 String 类型，所以一般初始化字符串类型的常量和变量可以写成：

```
let str = "static"
var name = "jack"
var present = "□"
```

构造一个空字符串有两种方法，第一种是直接使用一个空字符串构造，将空字符串的内容直接赋值给变量，第二种是使用 String 类型的构造方法，初始化一个新的 String 实例，这个实例的初始值默认为空。

例如：

```
var nothing = ""
var nothingEither = String()
```

字符串的内容也可以是特殊字符。

例如：

```
转译字符:\0 (空字符) \\反斜杠 \t 水平制表符 \r 回车符 \n 换行符 \" 双引号 \'单引号

let verse = "\"Programs are but dreams\nBorn in formless,\nshapeless Zen\nWe are but dreamers"
```

2.9.3 字符串拼接

多个字符串间可以使用加号（+）使它们组合为一个新的字符串。

例如：

```
var strA = "Iron"
var strB = "Man"
var superHero = strA + strB
println(super)
```

字符串变量和字符常量间的拼接可以用+=号。

例如：

```
var   hiStr="Hello "
hiStr += "Swift"
println(hiStr)
```

2.9.4 遍历字符串中的所有字符

因为 String 代表一个有序的字符集合，所以 String 也是 Character 的有序集合，这样就可以通过遍历 String 来获取其中的所有 Character 类型的字符，一般使用 For 循环来遍历字符串。

例如：

```
let incantation = "临兵斗者皆阵列在前"
for c in incantation
{
print(c+"!")
}
```

2.9.5 字符串间的比较

判断两个字符串内容是否一致，可以使用==号。

例如：

```
let str1 = "test string equality"
let str2 = "test string equality"
if str1 = = str2 {
        println("两个字符串相等")
}
```

判断是否含有前缀/后缀，可以通过调用字符串的 hasPrefix/hasSuffix 方法来检查字符串是否拥有特定前缀/后缀。两个方法只需要传入前后缀的内容作为参数即可返回结果。

例如：

```
let allItems   = [
"impossible","dynamic","impolite","impartial","logic","immobile","rhetoric","acoustic","impolite"
]

for item in allItems
{
    if (item.hasPrefix("im"))
    {
```

```
        print(item+    " ")
    }
}
```

结果为："impossible impolite impartial immobile impolite "。

```
for item in allItems
{
    if (item.hasSuffix("ic"))
    {
        print(item+ " ")
    }
}
```

结果为："dynamic logic rhetoric acoustic "。

2.9.6　判断字符串是否包含某个字符串

当想要判断一个字符串中是否含有某个特定字符串时，可以使用字符串的 rangeOfString 方法。
例如：

```
let str = "abcDefGhiklmn" //注意其中 D 与 G 是大写
if str.rangeOfString("cDe") != nil
{
    print("has cDe")
}
```

结果输出为 has cDe。

★提示　rangeOfString 严格区分对比参数的大小写，如果想要忽略对比字符串的大小写，可以将它们全部转为大写/小写格式。

2.9.7　字符串的大小写转换

String 含有两个属性：uppercaseString 和 lowercaseString，可以通过它们分别访问其大写/小写版本的字符串。
例如：

```
let str = "abcDefGhiklmn" //注意其中 D 与 G 是大写

let uppercaseStr = str.uppercaseString
let lowercaseStr = str.lowercaseString
println (up)
if str.rangeOfString("cde") != nil
{
    print("has cde")
}
```

输出内容为：

```
ABCDEFGHIKLMN
abcdefghiklmn
has cde
```

2.10　元组(Tuples)

元组是 Swift 中新的数据结构，用于表示一组数据的集合，与数组类似，都是表述一组数据的集合，但元组更强大在以下两点：

（1）元组的长度是任意的，无需担心越界。

（2）元组中的数据可以是不同数据类型。

2.10.1　元组的声明与定义

元组类型并没有像其他数据类型一样有一个特定的类型名，元组的类型是通过 Swift 编译器来自动判定的。只需要在初始化时使用括号将元组中的值括起来，Swift 就会自动推导该变量和常量是元组类型。

例如：

```
var country = ("PRC",1949,"+86","Asia")
println(country)
s
```

这段代码的结果是 "PRC,1949,+86,Asia"。

可以理解为声明了一个叫 country 的元组变量，这个元组中包含 4 个值，其中 1949 是 Int 类型，其他为 String 类型。

2.10.2　读取元组中的数据

1. 直接通过索引读取

例如：

```
var country = ("PRC",1949,"+86","Asia")
println("Name : \(country.0) Founded in \(country.1), PhoneNo:\(country.2),Location:\(country.3)")
```

结果为："Name : PRC Founded in 1949, PhoneNo:+86,Location:Asia"

2. 通过创建新的元组访问

直接通过索引读取的问题是需要牢记元组中每个数据的顺序，不够直观，Swift 提供了另外一种方法：只需要将元组类型中的每个数据分别赋给不同的变量或常量即可。

例如：

```
var country = ("PRC",1949,"+86","Asia")
var (name,founded,phoneNo,location) = country;
println("Name : \(name) Founded in \(founded), PhoneNo:\(phoneNo),Location:\(location)")
```

结果为：

```
"Name : PRC Founded in 1949, PhoneNo:+86,Location:Asia"
```

如果不想一次获取元组中的所有内容，只想取出其中的几个，可以使用下划线（_）对不想取的数据位置占位。

例如：

```
let country = ("PRC",1949,"+86","Asia")
var (_,_,phoneNo,_) = country
println (phoneNo)
```

结果为：+86。

使用这种方法获取一个元组的内容时，等号左边的参数数量一定要和元组中的数值数量一致，不然 Swift 编译器会报错，无法赋值。

2.10.3　为元组中的数值命名

像上面的取值方法还是比较麻烦，需要反复声明新的元组来取值。Swift 还提供了更简便的方法，通过其中的元素命名，这样就不必为元组数据反复声明新的变量了。例如：

```
let country = ("PRC",1949,"+86",location:"Asia")

println(country.location)
```

当然，如果需要也可以为元组中所有的数值命名。

2.11　可选表达式

由于 Swift 中的变量和常量的类型依赖于初始化时的类型推导，所以如果写成如下的方法时，编译器便会报错：

```
var wrongCode = nil
```

由于 Swift 并没有异常捕捉机制，所以引入了可选类型来表示常量或者变量中没有的值。

如果之前使用过 Objective-C，要特别注意 Swift 中的 nil 和 Objective-c 中的 nil 代表的意义不同，在 Objective-C 中 nil 代表的是值为空，而在 Swift 中 nil 表示没有值。

声明一个可选类型时只需要在所声明的变量或者常量的类型后加问号（?）即可。

例如：

```
let intStr = "1024"
var intValue:Int? =   intStr.toInt()
if intValue == nil
{
    println("无法转换为 Int 类型")
} else {
    println(intValue)
}
```

这段代码可以理解为声明一个可选类型的 Int 变量，这个变量的初始化值由一个字符串类型的常量转化而来。当字符串内容可以被 toInt 方法转化为 int 类型数值时，intValue 则被赋予对应的 Int 类型数值，当字符串内容无法转换为 Int 类型时，intValue 的值为 nil 并打印输出错误信息。

2.12　强取值表达式

每次判断变量是否是 nil 很麻烦，当可以确定变量一定有值时，可以在变量后加感叹号直接使用。

例如：

```
print(intValue!)
```

此时当该变量或常量为 nil 时，程序会发生中断并打印错误信息。

当然也可以直接在声明该变量时直接加上!，这样这个变量每次使用时都会在后面加一个隐藏的!。

1. ?的使用场景：

（1）声明时添加?，告诉编译器这个是可选变量的，如果声明时没有手动初始化，就自动初始化为 nil。

（2）在对变量值操作前添加?，判断如果变量是 nil，则不响应后面的方法。

2. !的使用场景

（1）声明时添加!，告诉编译器这个是可选变量，并且之后对该变量操作的时候，都隐式的在操作前添加!。

（2）在对变量操作前添加!，表示默认为非 nil，直接进行使用。

2.13　本章小结

本章介绍的知识点比较多，但都是 Swift 语言中最基础的元素，后续的知识点也会使用到本章的内容，建议新手仔细阅读巩固知识点，有 OC 和其他语言编程经验的用户，也应多注意 Swift 与以往惯用语言的不同。

2.14　习题

1. 试着声明变量 name 类型。使用类型推导赋值为一个字符串，一个变量 ID，类型使用 double 并赋值，一个布尔类型常量 Male 并初始化对应的值。要求将 name 按字符分拆并全部转换为大写，中间用逗号（,）分隔，将 ID 强制转换为 UInt16 类型，然后将上述信息汇总为一个字符串输出。

2.（404, "Not Found"）是一个描述 HTTP 状态码（HTTP status code）的元组。HTTP 状态码是当请求网页的时候，web 服务器返回的一个特殊值。如果请求的网页不存在就会返回一个 404 Not Found 状态码。请将这个元组的元组命名为 StatusCode 和 Description，并分别输出它们的值。

3. 请指出下列代码错误的原因，并修正：

```
var str = "Hello,World"
var value:Int = str.toInt()
```

第3章 基本操作符

操作符是任何一门编程语言不可或缺的部分，其中基本操作符更是重中之重，通过使用基本操作符可以完成基本的四则运算（+，−，×，/）、取余（%）等操作，Swift 对已有的操作符进行了扩展，使它们在使用中更完善和更安全。

 本章重点

➤ 操作符的种类
➤ 赋值操作符
➤ 数值操作符
➤ 比较操作符
➤ 三元条件操作符
➤ 空值合并操作符
➤ 区间操作符
➤ 逻辑操作符

3.1 操作符的种类

操作符是编程中不可缺少的符号或短语，用于检查、改变，或者组合值。如用加号把两个数加和或者使用++i 来使 i 的值增加 1。

操作符按操作数的个数可分为一元操作符、二元操作符及三元操作符。

例如：

```
-a, a++ 这些只作用于一个操作数的操作符为一元操作符。
a+b a*b 等作用于两个操作数之间的是二元操作符。
a?b:c 为三元操作符。
```

Swift 基于标准 C 的操作符上加入了一些安全保护措施，如赋值操作符=不返回值，防止被误操作当做等于操作符==使用。算数操作符在做运算时会检测结果是否会溢出，产生发生错误的结果。

除了常规的 C 操作符外，Swift 加入了 a..b 和 a...b 来表示范围，以及引入取余运算到浮点数中。

3.2 赋值操作符

赋值操作符 a=b，用于表示将 b 的值赋值给 a。

例如：

```
let ten = 10
var age = 18
```

```
age = ten
age = 11
```

赋值操作符需要保证等号左右两边的值类型相同，如右边是元组类型时，左边也必须是元组类型，这才能保证赋值操作的成功。

例如：

```
var (a, b) = (1,2)
//此时 a 的值是 1 b 的值是 2
```

刚才有提到 Swift 修改了赋值操作符的返回值，是因为在 C 和 Objective-C 中，赋值操作符会返回赋值成功之后的值，而在 C 和 Objective-C 中布尔类型可以用 Int 值类型表示（0 代表 false 非 0 代表 true），所以下面这段代码在 C 和 Objective-C 中是合法的。

```
int a = 1;
int b = 2;
if (a = b)
{
 ....
}
```

但是这种写法会使误操作的可能性增加，因为可能本来想在 if 语句中判断 a 是否等于 b（a=b），但程序并不会报错而直接编译通过。

在 Swift 中，赋值操作符并没有返回值，所以在 if 语句会因此报错（具体原因会在第 5 章中介绍），这样便从根本上杜绝了这种错误情况。

例如：在如下的代码中程序会报错：

```
var a = 1
var b = 2
if a = b
{
...//
}
```

3.3　数值操作符

数值操作符包括四则运算操作符、一元正号操作符、一元负号操作符、取余操作符、自增自减操作符，以及类似 C 语言中常用的复合操作符。

3.3.1　四则运算操作符

Swift 支持标准的四则运算操作符，即加法（+）、减法（-）、乘法（×）、除法（/）。

例如：

```
var a = 1+2
var b = 4-3
var c = 5×6
var d = 7.0/8.0    // 这样写是为了让编译器将数值推导为浮点型
```

由于 Swift 语言对数值操作会进行溢出保护，所以下面这些初始化操作会编译失败。

```
let x:Int8 = 9999
var y:Int16 = Int16.max+1
```

在程序运行计算时，如果超出了数值类型所能表达的范围数值，程序就会发出异常，在溢出处中断。

例如：

```
let x = 128
var y:Int8 = x*x //此处程序中断
```

加号（+）不仅可以让两个数值相加并返回结果，也可以将字符与字符串、字符串与字符串间互相连接，并返回一个新的字符串。

例如：

```
let char1:Character = "a"
let char2:Character = "b"

var str1 = char1+char2
var str2 = char2+str1
var str3 = str1+str2
```

结果为 str1 = "ab"　str2 = "bab" str3 = "abbab"。

3.3.2　复合赋值操作符

赋值操作符和运算操作符组合一起使用可以在特定情况下简化四则运算的书写格式。
例如：

```
var a = 1
var b = 2
var c = 3
var d = 4

a = a + 1
b = b - 2
c = c * 3
d = d/4
```

可以分别简化为：

```
a += 1
b -= 2
c *= 3
d \= 4
```

结果相同。

3.3.3　取余操作

取余运算符（%）用于 number1 除以 number2，然后只返回余数作为结果。在 C 与 Objective-C 中，操作对象只能为整数，Swift 在以往对整数取余的基础上增加了对浮点数的取余操作，使取余运算符能运用到更多的场景中。

例如：

```
let x = 5%2
let y = 5%1.5
```

结果为 x = 1 y = 0.5。

取余运算符也同样适用于负数，结果的符号与第一个操作数一致，第二个操作数如果是负数，需用括号（）包围。例如：

```
let x1 = -5%2
let y1 = 5%(-2)
```

结果为 x1 = -1 x2 = 1。

3.3.4 一元正号操作符和一元负号操作符

一元正号操作符不会改变操作数的值，只用于在代码中强调该值的符号，使代码更易读。一元负号操作符则可以将操作数的符号改变。

例如：

```
let ten = 10
var ten2 = -ten
```

结果为 ten = 10 ten2 = −10。

★ 提示 一般在编码中为了保证代码的可读性，会在操作符与操作数间加入空格。但一元正号/负号操作符必须要加在操作数之前，中间不能有间隔。

3.3.5 自增与自减操作符

类似于 C 与 Objective-C，在 Swift 中，可以通过自增操作符（++）使变量的值加 1，通过自减操作符使变量的值减 1，不同于 C 语言的是，Swift 增加了对浮点型的自增自减。

1. 自增操作符

自增操作符包括前自增和后自增运算符。前自增操作符放在操作数之前，如++a 会先对操作数 +1 再返回值。后自增操作符放在操作数之后，如 a++会先返回值，再对操作数+1。

2. 自减操作符

自减操作符包括前自减和后自减运算符。前自减操作符放在操作数之前，如—a 会先对操作数 −1 再返回值。后自减操作符放在操作数之后，如 a—会先返回值，再对操作数−1。

例如：

```
var a = 1
var a1 = ++a
var a2 = a1++

var b = 1.5
var b1 = —b      (此处为两个减号)
var b2 = b1—      (此处为两个减号)
```

结果为 a1 = 2 a2 = 2 b1 = 0.5 b2 = 0.5。

3.4 比较操作符

比较操作符用于对比两个数值之间的大小关系并返回一个布尔类型的结果。比较运算符包括：

（1）等于　　　a = b

（2）不等于　　a!= b

（3）大于　　　a > b

（4）小于　　　a < b

（5）大于等于　a >= b

（6）小于等于　a <= b

例如：

```
1 == 1 //true
1 != 2 //true
2 > 1 //true
2 < 1 //false
2 >= 1 //true
2 <= 1 //true

let str = "a"
if str == "b" //false
{
println("yes")
} else {
println("no")
}
```

★ 提 示　除了等于运算，其他比较运算符也同样可以适用于对比字符和字符串间的操作，但由于运算的结果不够直观，大多数情况下并无意义，所以不推荐这样使用。

3.5 三元条件操作符

三元条件操作符由主体一个问号（?）和冒号（:）构成，其中：

问号为逻辑表达式为真时的返回值；冒号为逻辑表达式为假时的返回值。

三元条件操作符应用于简化特定的 if..else 语句。例如：

```
var x = 0

var a = 1
var b = 2

if x = 0
{
    x = a
} else {
    x = b
}
```

可以简化为：

```
x = x = 0 ? a : b
```

其结果不变。

使用三元条件操作符可以使代码更加美观，在比较烦琐的表达式中使用会得到更好的效果。

3.6 空值合并操作符

空值合并操作符由两个问号（?）组成。如 a ?? b 其意义是对可选类型 a 是否为空进行判断，当 a 不为空时，就对 a 进行解封，否则就返回默认值 b。空值合并运算符有两个要求：

（1）表达式 a 必须为可选类型（Optional）。

（2）默认值 b 的值类型需要与 a 一致。

空值合并操作符是对以下代码的简化：

```
a != nil ? a! : b
```

即当 a 的值不为空时（a != nil），就强行解封 a（a!）返回 a ，否则就返回默认值 b。

由此可以发现，Swift 通过引入空值合并操作符（??），可以用更易读的方式去使用可选类型的值。

例如：

```
let defaultUserName = "Unknow"
var userName:String? //未被初始化  值为 nil
var currentUserName = userName ?? defaultUserName
//因为 userName 的值为 nil 所以 currentUserName 的值为 Unknow
```

空值合并操作符也可以反复组合使用，判断顺序为从左至右。例如：

```
var d =  a ??  b  ?? c
```

可以理解为先判断 a 是否为空，如果 a 有值则返回 a，如果 a 为空则继续判断 b ?? c 的结果。

在使用空值合并操作符时一定要保证操作符和操作数间留有空格，否则编译器会无法识别，进而发生异常错误。

3.7 区间操作符

区间操作符是一种方便表达一个区间的值的运算符,可以分为闭区间运算符与半开区间运算符两种。在大多数语言中，表达一个区间的值并迭代其中所有的值通常比较复杂，如想表达 0 到 9 的区间时，如果使用 for 循环，需要写成这样：

```
for (int i = 0: i <9:i++)
{
    //..i = 0,1,2.....9
}
```

Swift 吸纳了诸多语言的优秀特性，自然包括了区间操作符，通过使用区间操作符，可以将上面的代码简化为：

```
for index in 0…9
{
…
}
```

3.7.1 闭区间运算符

闭区间运算符（a…b）表示一个包含从 a 到 b（包括 a 与 b）的所有值的区间，b 必须大于 a。例如：

```
for index in 1…5
 {
    println("\(index) * 5 = \(index * 5)")
}
// 1 * 5 = 5
// 2 * 5 = 10
// 3 * 5 = 15
// 4 * 5 = 20
// 5 * 5 = 25
```

3.7.2 半开区间运算符

半开区间运算符（a..<b）表示一个包含从 a 到 b（包括 a 但不包括 b）的所有值的区间，b 必须大于 a，半开区间的适用于遍历数组，可以非常容易地取出数组所有内容的下标。

例如：

```
let chars = ["a","b","c","d","e"]
for i in 0..<chars.count
{
 println(chars[i])
}
```

结果为：

```
a
b
c
d
e
```

3.8 逻辑操作符

逻辑操作符的对象是逻辑布尔值，Swift 支持基于 C 语言的三个标准逻辑运算：逻辑与（a && b）、逻辑或（a || b）、逻辑非（!a）。

3.8.1 逻辑与

逻辑与 （a && b）表示只有当 a 和 b 的值都为 true 时，表达式的返回值才为 true。

逻辑与的计算结果会基于"短路计算"模式，即在表达式 a && b 中，编译器会先判断 a 的布尔值，当 a 的值为 false 时，就会将表达式的值返回为 false，不再继续判断 b 的布尔值。因为当 a 为 false 时，无论 b 的值怎样都不会对结果造成影响。

例如：

```
let isUserNameRight = true
let isPasswordMatch = false

if isUserNameRight && isPasswordMatch
{
println("Login Success")
} else {
println("ACCESS DENIED")
}
```

该段代码结果为输出"ACCESS DENIED"。

3.8.2　逻辑或

逻辑或　(a || b) 是一个由两个连续的"|"组成的中置运算符，它表示当 a 或 b 两个布尔值其中任意一个为 true 时，整个逻辑表达式返回值为 true。与逻辑与的运算方式相同，逻辑或也遵守短路计算的模式，当表达式左边的值确定为 true 时，就不再计算第二个值，因为此时第二个值不会对最终结果造成改变。

在下面的代码中，第一个布尔值 isSunday 为 false，但第二个值 isSaturday 为 true，所以整个表达式值为 true，输出 Today is weekend。

```
let isSunday = false
let isSaturday = true

if isSunday || isSaturday
{
println("Today is weekend")
}
```

3.8.3　逻辑非

逻辑非运算（!a）会对一个布尔值去翻，使得 true 变为 false，false 变 true。逻辑非是前置操作符，位置为操作符之前，且操作符和操作数中间不能加空格，读作非 a。

例如：

```
let enable = false
if !enable
{
    println("status: enable")
} else {
    println("status: disable")
}
if !enable 语句读作: "如果非 enable 为真"
```

执行后命令输出：

"status: enable"

★ 提示 当使用逻辑操作符时，对所判断的布尔常量或者变量直观命名，精简逻辑有助于提高代码的可读性，应尽量避免双重逻辑非运算。

3.8.4 逻辑操作符的组合

当判断逻辑比较复杂时，可以通过同时使用多个逻辑运算符来表达一个复合逻辑。

例如：

```
let isUserNameRight = true
let isPasswordMatch = false
let isAdmin = false
let isHacker = true

if isUserNameRight && isPasswordMatch || isAdmin || isHacker
{
println("Log in")
}
```

结果为输出"Log in"。

这段代码同时包含了逻辑或（a || b）、逻辑与（a && b）运算符。当多个逻辑运算符同时出现时，编译器会从左到右依次计算，即先判断 isUserNameRight && isPasswordMatch 的返回值，再用 isUserNameRight && isPasswordMatch 的返回值与 isAdmin 进行逻辑或运算。最后再与 isHacker 做逻辑或运算。

这段代码可以解读为：

当我们有正确的账号和密码时，我们可以登录系统，或者我们拥有管理员权限，如果上述条件都不满足时，只有化身为黑客才能潜入。

3.8.5 使用括号来明确复杂逻辑运算的优先级

对于一个复杂的表达式，运算的顺序可能会对最后的结果造成影响。在适当的位置使用括号，可以明确逻辑运算的顺序，也可以改变内部逻辑运算的优先级，使表达式的可读性更强。

例如：

```
let isUserNameRight = true
let isPasswordMatch = false
let isAdmin = false
let isHacker = true

if isUserNameRight && (isPasswordMatch || isAdmin) || isHacker
{
println("Log in")
}
```

编译器会先计算括号中的表达式 isPasswordMatch || isAdmin，然后再和 isUserNameRight 做逻辑与计算，最后和 isHacker 做逻辑或计算。

3.9　本章小结

　　Swift 支持大部分类 C 语言中使用的操作符，对于有编程经验的用户，可以稍加熟悉 Swift 独有的区间操作符和对浮点数取余的细节，其他大致浏览一遍即可。如果是刚刚接触编程的用户，应对本章介绍的操作符多加练习。

3.10　习题

　　1. 不通过编译器，请计算下面代码的结果，并试着说明计算逻辑。

```
var a = 1, b = 2, c = 3, d = 0, e = 0
a += b++ + ++c
d  = c > a ? b : c
for index in 0..<d
{
    e  += index
}
```

　　请给出运行后 a , b, c, d,e 的值，并解释计算过程。

　　2. 请计算出以下代码的输出结果，并解释计算逻辑。

```
var x = true, y = false, z = false

if (x && ( !y ? true : x ) || z  ) {
    println("true")
} else {
    println("false")
}
```

第4章　XAML 的使用

Swift 语言提供了常用的数组(Array)和字典(Dictionary)两种集合来存储不同结构的集合数据类型。数组(Array)用来按顺序存储相同数值类型的数据，字典用于按照键值对(kay-value)来存储数据。在数组和字典类型中存储的值必须是明确的，这样的安全措施一方面保证了不正确的数据类型无法储存在其中，这使得我们可以尽早地发现类型不匹配造成的错误，另外一方面当使用该类型中的数据时，无须再对其做值类型的校验，简化了无用的逻辑。

本章重点

➤ 声明和初始化一个数组或字典
➤ 声明一个空的数组或字典
➤ 访问和修改一个数组或字典
➤ 遍历数组或字典中所有的值

4.1　数组

数组可以有序地存储一组值类型相同的值，这点与 Objective-C 中的 NSArray 和 NSMutableArray 不同，因为后者并不会对其中存储的值类型进行统一要求，在取值后也只能通过自己判断其中的对象值类型。

在 Swift 中，数组中储存的值必须在存入前确定值类型，或者可以通过编译器类型推导完成。

当 Swift 中的数组声明为变量时，可以像在 Objective-C 中使用 NSMutableArray 一样，很方便地完成增、删、改的操作。

4.1.1　数组声明和初始化

可以通过字面量来直接声明一个数组，这是一种创建包含一个或多个数值数组的简单方法，字面量是由一系列逗号分隔前后并由中括号包围的数值，例如：

```
[ value1, value2, value3 ]。
```

例如，创建一个叫做 intArray 的整型数组并为其初始化 3 个类型为 Int 的数值，最后将数组中的内容输出，可以写做：

```
let intArray: [Int] = [1,2,3]
println(intArray)
```

结果为[1,2,3]。

其中 let intArray: [Int] 表示该数组只能存储 Int 这种数据类型。

更简便的写法是利用 Swift 的类型推导机制，可以省略:[Int] 来声明数组中的数据类型。例如：

```
let intArray = [1,2,3]
```

此时编译器会自动推断出 IntArray 中的变量类型为 Int。

4.1.2　声明一个空的数组

例如：

```
var emptyIntArray: [Int] = []
var emptyStringArray: [String] = []
```

因为 emptyArray 中没有任何元素，Swift 编译器也无法推导出 emptyArray 的数组类型，所以 emptyArray 的默认类型为 Objective-C 中的 NSArray。

如果要创建一个 Swift 数组类型的空数组，可以通过在声明时指定数组中元素的数组类型来完成，声明数组中的元素类型有三种方法：

（1）var emptyIntArray = [Int]()

（2）var emptyStringArray:[String] = []

（3）var emptyDoubleArray:Array<Double> = []

可以在其中选择任意一种适合编程习惯的方式来创建一个空的 Swift 数组。

4.1.3　数组的下标访问

可以通过常规的下标语法来定位到数组中的某一个元素，下标语法通过在变量或者常量名后添加[n]的方式来调用，其中 n 代表数组中元素的索引值。

1. 通过下标语法分别打印数组中的值

例如：

```
let intArray: [Int] = [1,2,3]

for index in 0..<intArray.count
{
    println(intArray[index])
}
```

结果为：

```
1
2
3
```

这里需要注意的是数组的索引值从 0 开始，可以通过数组的 count 属性来获取数组中数值的数量，要确保下标的值类型为整型并且始终小于数组的 count 值，当数组越界，程序会发出警告并且中断。

2. 修改数组中元素的值

可以直接用下标来修改某个索引值对应的数据。

例如：

```
var charsArray = ["a","b","c","d","f"]
charsArray[4] = "e"
println(charsArray)
```

结果为[a，b，c，d，e]。

3. 利用下标与区间操作符一次改变多个值，无须保证前后数量相等

例如可以将数组中的前两个元素替换为["A"，"B"，"X"]三个元素。

```
var charsArray = ["a","b","c","d","f"]
charsArray[0…1] = ["A","B","X"]
println(charsArray)
charsArray[3…5] = ["Y"]
println(charsArray)
```

结果为：

```
[A,B,X,c,d,f]
[A,B,X,Y]。
```

此时需要注意区间操作符的范围不能超过数组的数量范围，否则会引起数组越界，程序中断。

与大多数语言不同，当数组声明为常量时，不只无法改变这个数组的长度，也同样无法改变数组的内容。

例如：

```
let numArray = [1,2,3]
numArray[0] = -1 //错误  程序中断
因为 numArray 被声明为常量，所以不能修改其中元素的值。
```

4.1.4　添加和删除数组元素

对于变量类型的数组，除了可以通过下标和区间赋值来改变元素的数量外，也可以通过数组内置的方法来添加和删除数组元素。

（1）append：在数组的末尾添加新元素。

（2）inset：在数组指定位置插入新元素。

（3）removeLast：删除最后一个元素。

（4）removeAtIndex：删除指定位置的数组元素。

（5）removeAll：清空所有数组元素。

除此之外数组也支持通过加号（+）合并两个数组，使两个数组中的元素合并，前后相连。

例如：

```
var food = ["Egg","Milk","Bread"]
food.append("Apple")
println("Food: \(food)")
//此时输出  Food : [Egg,Milk,Bread,Apple]

food.insert("Cheese", atIndex: 2)
println("Food: \(food)")
//此时输出  Food : [Egg,Milk,Cheese,Bread,Apple]

food.removeLast
println("Food: \(food)")
//此时输出  Food : [Egg,Milk,Cheese,Bread]
```

```
food.removeAtIndex(1)
println("Food: \(food)")
//此时输出  Food : [Egg,Cheese,Bread]


var drink = ["Coffee","Tea"]
var breakfast = food + drink
println("Breakfast: \(breakfast)")
//此时输出  Breakfast : [Coffee,Tea,Egg,Cheese,Bread]

breakfast.removeAll(keepCapacity: true)
println("Breakfast: \(breakfast)")
//此时输出  Breakfast : []
```

4.1.5 遍历数组

可以通过 for-in 循环来遍历所有数组中的元素。

例如：

```
var food = ["Egg","Milk","Bread"]

for item in food {
    println(item)
}
输出:
Egg
Milk
Bread
```

如果在获取元素的同时也想知道该元素的索引值，可以使用全局函数 enumerate 进行遍历。enumerate 返回一个由元素值和索引值构成的元素，这样便可以同时获取这两个内容。

例如：

```
for (index, value) in enumerate(food) {
    println("Item \(index) : \(value)")
}
输出:
Item 0 : Egg
Item 1 : Milk
Item 2 : Bread
```

4.1.6 数组的其他内置方法

例如，可以通过内置方法来快速获取数组中第一个元素和最后一个元素。

```
let nameArray = ["Jobs","Tim","Ive"]
println ("The first Object is \(nameArray.first) and the last is \(nameArray.last)")
```

结果为"The first Object is Jobs and the last is Ive"。

判断数组是否为空时，可以利用数组的 isEmpty 属性来提高代码的可读性。

例如：

```
let nameArray:[String] //此时 nameArray 中没有数值
if nameArray.isEmpty
{
    println("nameArray is empty.")
} else {
    println("nameArray is \(nameArray)")
}
```

结果为："nameArray is empty."。

4.2　字典

字典是一种可以储存多个相同值类型的集合数据类型，每个值都有一个唯一键（Key）与之关联，键作为字典中这个数据的标示符。与数组不同的是，字典中的数据没有先后顺序，只能通过键（Key）来访问。

Swift 中的字典需要在使用时确定键（Key）和值（Value）的数据类型，不同于 Objective-C 中的 NSDictionary 和 NSMutableDictionary 可以使用任何类型的对象作为其键或值，在 Swift 中，必须要通过显性的类型标注或者类型推断明确数据类型，才能作为键或者值存储在字典中。

Swift 中的字典的定义结构为 Dictionary <KeyType,ValueType>，其中 KeyType 表示字典中键的数据类型，ValueType 是在字典中与键所对应值的数据类型。

KeyType 的唯一限制是必须保证为可哈希，这样便可以确定 KeyType 的唯一性，不会出现同一个 Key 对应多个 Value 的情况，Swift 中的基本类型均为默认为可哈希，如 String、Int、Bool、Float，所以这些类型都可以在字典中作为 Key 使用。

4.2.1　字典声明和初始化

可以通过字典字面量来声明一个字典，与数组的字面量类似，一个字典的字面量是定义一个或多个键值对的简单语句。

一个键值对包含一个 key 和一个 value，key 和 value 间用冒号（:）分隔，这些键值对构成一组数据，再由逗号分隔并由方括号包含。例如：

```
[key1:value1,key2:value2,key3:value3]
```

下面来定义一个存储城市邮政编码的字典，字典中键是城市的名称，值是对应该城市的邮政编码：

```
var postCode: [String:String] = ["Beijing": "100000", "Shanghai": "200000", "Tianjin": "300000"]
```

postCode 字典被定义为[String: String]，表示这个字典的键与值的类型均为 String 类型。该字典由字面量初始化分别为 Beijing 对应 100000，上海对应 200000 和天津对应 300000。

同数组一样，当初始化时，Swift 编译器可以自动推导出键和值的类型，无须手动指定字典的键和值的数据类型。例如，刚才的代码可以简化为：

```
var postCode = ["Beijing": "100000", "Shanghai": "200000", "Tianjin": "300000"]
```

当字典初始化，各个 value 的数据类型不一致时，编译器无法创建 Swift 中的字典类型，但不会报出编译器错误。Swift 会转而创建 Objective-C 中的 NSDictionary 作为替代。

4.2.2　创建一个空字典

空字典是不含有任何键值对的字典，创建空字典时因为无法进行类型推导，所以必须要手动明确字典的键和值的数据类型。

创建一个空字典有两种方式：

（1）var emptyDict1 = [String: String]()

（2）var emptyDict2 = Dictionary<String, String>()

也可以通过将字典赋值为[:]来使其变为空字典。

例如：

```
var aDict = ["AnyKey":"AnyValue"]
aDict = [:]
println(aDict)
```

此时 aDict 为一个空字典。

4.2.3　读取和修改字典

可以通过字典的方法和属性来读取和修改字典中的键值对。和数组一样，下标语法也适用于字典类型。

例如：

```
var postCode = ["Beijing": "100000", "Shanghai": "200000", "Tianjin": "300000"]
println(post["Shanghai"])
```

结果输出为 200000。

也可以通过只读属性 count 来获取这个字典所含的键值对个数。

例如：

```
println("This dictionary contains \(postCode.count) pairs")
```

同样可以通过 isEmpty 属性来快速检查字典的内容是否为空。

例如：

```
if postCode.isEmpty {
    println("The dictionary is empty")
} else {
    println("The dictionary is has some pairs")
}
```

如果想要为字典增加一个新的键值对，可以通过下标语法对其直接赋值：

```
postCode["Chongqing"] = "400000"
```

当字典中已经存在这个键时，这行代码的意义代表将 postCode 字典中键值为 Chongqing 的键值对所对应的值更新为 400000。

更新一个字典中的键值对也可以使用 updateValue(forKey:)方法，不同于之前的下表语法，这个方法会返回调用之前的原值，这样可以由此来判断更新是否成功。当这个操作是增加一个新的键值对，这个函数会返回一个可选值类型，所以返回值可能是 nil。

```
let oldCodeNumber = postCode.updateValue("0000001", forKey:"Beijing")
println("old code number for beijing is \(oldCodeNumber)")
```

　　结果为:

```
old code number for beijing is 100000
```

　　通过下标语法还可以判断字典中是否存在某个特定的键。
　　例如:

```
if postCode["NewYork"] == nil {
    println("Unknow Key")
} else {
    println("Existed Key")
}
```

　　结果为 Unknow Key。
　　通过下标语法，我们还可以通过将某个键的值赋值为 nil 来删除这个键值对。例如，将键为 Shanghai 的键值对删除的操作为:

```
postCode["Shanghai"] == nil
```

　　删除功能也可以使用 Dictionary 自带的方法 removeValueForKey，这个方法除了会删除目标键值对，也会返回这个这个键对应的值。

```
let removedPostCode = postCode.removeValueForKey("Beijing")
if removedPostCode != nil {
    println("Removed code is \(removedPostCode)")
}
```

4.2.4　遍历字典

　　可以使用 for-in 循环来遍历字典中的所有键值对，字典中的每个键值对都会以（key，value）的元组形式返回，通过临时常量或者变量即可分解这些元组。例如:

```
for (cityName,code) in postCode {
    println ("City: \(cityName)   Code: \(code)")
}
```

　　如果不关注字典中的键或者对应的值，也可以通过 keys 或 values 单独将所有的键或值取出来。
　　例如:

```
for city in postCode.keys {
    println(city)
}

for code in postCode.values {
    println(code)
}
```

> **★ 提示** 因为字典中的数据并没有任何顺序，所以字典中的键、值、键值对在遍历时会重新排列，顺序不固定。

4.3 本章小结

数组和字典的使用十分广泛，在后续的章节中也会经常使用它们进行数据存储，建议用户多加巩固，对于有 Objective-C 经验的用户可能需要注意在使用 Objective-C 和 Swift 中的数组和字典时的不同，避免在代码重构时发生错误。

4.4 习题

1. 声明一个数组并初始化内容为单词：

Circumference,destruction,depress,circumnavigate,defame,circumspect,circumvent,decode。以上词汇分别基于词根 circum 和 de，请将这些词汇按词根分别存储并计算数量。

2. 存在一组考试成绩单: Tom: 97, Hank: 99, Pinkman: 88, Dave: 100，存在加分项目列表: Hank: 10,Dave:5，请将两个表合并并输出。

第5章 控制流

Swift 中包含了类似于 C 语言的控制流，包括用于多次执行的 for 与 while 语句；用于选择分支的 if 与 switch 语句；还有用于流程控制跳转的 break、continue 语句。通过这些控制流语句，可以描述出更复杂的逻辑，完成更强大的功能。

 本章重点

> for-ini 循环
> for-condition-increment 循环
> while 和 do...while
> 条件语句

5.1 for 循环

for 循环用于按指定次数循环执行语句。在 Swift 中可以划分为两类：

（1）for-in：用来遍历一个区间（range）、集合（collection）中所有的元素。

（2）for-condition-increment：条件循环语句，用来重复执行一系列语句，一般通过再循环后增加计数器来控制循环的次数。

5.1.1 对区间操作符循环

for-in 循环可以快速遍历一个集合中的所有元素，包括用区间操作符表示的区间、数组中的元素以及字符串中的字符。

当要循环的条件是连续的正整数空间时，使用区间操作符是最简单的办法。

如分别计算 1 到 3 的平方的结果：

```
for num in 1...3 {
    println(num*num)
}
```

结果为：

```
1
4
9
```

这里需要注意的是，num 的作用仅限于在 for 循环中以及子循环中，例如：

```
for x in 0...3 {
    for y in 0...3 {
        print("X: \(x), Y:\(y) ")
    }
```

```
    println("")
}
```

这段代码的结果为：

```
0,0 0,1 0,2
1,0 1,1 1,2
2,0 2,1 2,2
```

当使用区间操作符不需要每项值的时候，可以使用下划线（_）来替代变量名。

如求 2 的 10 次方：

```
let base = 2
var answer = base
for _ in 1…10 {
    answer *= base
}
println(answer)
```

结果为 1024。

5.1.2　对数组和字典进行遍历

当使用 for-in 循环对数组进行遍历时，可以指定一个变量来对应数组中的一个元素。

例如：

```
let drinks = ["Coffee","Tea","Cola"]
for item in drinks {
    println("I like \(item)")
}
```

结果为：

```
I like Coffee
I like Tea
I like Cola
```

当遍历字典时，字典的每个键值对会以元组返回，在 for-in 循环中可以使用现实的变量来将键值对的值取出。

例如：

```
let postCode = ["Beijing": "100000", "Shanghai": "200000", "Tianjin": "300000"]

for (city, code) in postCode {
    println("City: \(city) Code: \(code)")
}
```

结果输出为：

```
City: Beijing    Code:100000
City: Shanghai   Code:200000
City: Tianjin    Code:300000
```

当遍历数组或字典时，同样可以使用下划线（_）替代变量来忽略对其内容的访问，但因为没有值获取，很明显这样做并没有任何意义。

例如：

```
let drinks = ["Coffee","Tea","Cola"]
for _ in drinks {
    println("nothing")
}
let postCode = ["Beijing": "100000", "Shanghai": "200000", "Tianjin": "300000"]

for _ in postCode {
    println("nothing")
}
```

5.1.3 枚举字符串

因为字符串可以看做是由字符构成的有序集合，所以 for-in 语句同样适用于字符串，其中每一个元素即是字符串中的一个字符（Character）。

例如：

```
for char in "Hello Swift" {
    print("< \(char) >")
}
```

结果为：

```
< H >< e >< l >< l >< o ><    >< S >< w >< i >< f >< t >。
```

5.1.4 条件增量循环

Swift 中的条件增量 for 循环语句与 C 语言中的类似格式为：

```
for initialization; condition; increment {
statements
}
```

不同的是，在 Swift 中无须用括号将 initialization、condition、increment 三项括起来。

条件循环的执行顺序为：

（1）首次启动时，initialization 被调用一次，初始化所需要的常量和变量。

（2）调用 condition，当 condition 的结果为 false，循环完成；每当 condition 的结果为 true 时，继续循环 statements 中的内容。

（3）当 statements 执行结束后，执行 increment 部分，increment 通常会将计数器的值做自增或自减操作。

当 increment 结束后重复执行第二步，直至 condition 结果为 false。

对于这个过程，我们也可以使用 while 语句实现：

```
initialization
while condition {
statements
increment
}
```

一个条件增量 for 循环可能是这样的：

```
for var index = 0; index < 3; ++index {
    println("Index is \(index)")
}
```

结果输出为：

```
Index is 0
Index is 1
Index is 2
```

同 for-in 循环的内部变量一样，这里的 var index = 0 中的 index 变量也只作用于 for 循环内部，并可以嵌套。

如果需要在循环外部也可以访问 index，可以在循环开始前将 index 变量声明。例如：

```
var index: Int
for index = 0; index < 3; ++index {
    println("Index is \(index)")
}
println("Index value is \(index)")
```

结果为：

```
Index is 0
Index is 1
Index is 2
Index value is 3
```

★ 提 示　最后 Index 的值是 3 而不是 2 的原因是当 Index 最后一次自增后，条件判断 index<3，返回 false，从而终止了循环，不再执行 println("Index is \(index)")。

5.2　While 循环

while 循环也是一种基本的循环模式，当条件满足时执行循环体中的语句，当条件不满足时结束该循环。

while 循环语句的语法格式为：

```
while condition {
statements
}
```

下面是一个典型的 while 循环：

```
var index:Int = 0
while index < 3   {
    index++
    println("Index is \(index)")
}
```

结果输出为：

```
Index is 0
Index is 1
Index is 2
```

> ★提示 当使用 while 循环时，一定要在循环体内改变 condition 中的变量，如在上述代码中，如果忘记添加 index++，该循环就会不断地重复下去，变成死循环。

5.3 Do…While 循环

do…while 循环是 while 循环的一种变形，和 while 循环不同，在 do…while 循环中会先执行一次循环体中的代码，再去判断 condition 的结果。

do…while 循环的语法为：

```
do {
statements
} while condition
```

下面是一个典型的 do...while 循环：

```
var index:Int = 0
do {
    ++index
    println("Index is \(index)")
} while (index <3)
```

结果输出为：

```
Index is 0
Index is 1
Index is 2
```

5.4 条件语句

Swift 支持两种常用的条件语句：if 语句和 switch 语句。当判断条件比较简单并且逻辑分支比较少时，通常使用 if 语句，当逻辑分支比较多时，switch 语句会让代码逻辑更加清晰。在 Swift 中，switch 语句增强为可以适用于 String 类型作为条件并支持区间操作符。

5.4.1 if 条件语句

if 语句的语法为：

```
if condition {
   statements
} else {
   statements2
}
```

可以理解为：当且仅当 condition 结果为 true 时，执行 statements，否则执行 statements2。

下面是一个典型的 if 条件语句：

```
var isSwiftCool = true
if isSwiftCool {
    println("Yes! Swift is a cool language")
}
```

　　这是一个简单的判断，当只需要判断 if 中的一种情况时，可以将 else {...}这部分去掉。我们也可以将多个 if 条件语句连用，以达到判断超过两种逻辑分支的情况。
　　例如：

```
var name = "Steve"
if name == "Bill" {
    println("Hi,I`m Bill")
} else if name == "Mark" {
    println("Hi,I`m Mark")
} else if name == "Steve" {
    println("Hi,I`m Steve")
}
```

　　结果输出为：

```
Hi,I`m Steve。
```

　　⭐提 示　　(1) 不同于 Objective-C 中的 if 条件语句，在 Swift 中，if 语句中的 condition 必须返回值为布尔类型，当 condition 返回其他类型的值时，编译器会报错。(2) 即使在 if 语句的执行区域只有一行代码，也必须在外面使用大括号将它们包围。

5.4.2 Switch 语句

　　当我们需要判断的逻辑分支过多时，Switch 语句会是一个更合理地选择，在标准的 C 语言基础上，Swift 增加了更易用的特性。
　　Switch 条件语句的语法格式为：

```
switch some value to consider {
case value 1:
        statements
case value 2, value 3:
        statements2
default:
        statements2
}
```

　　Switch 语句由多个 case 组成,每个 case 都可以看做是一条 if 语句,编译器会自动匹配每个 case 中的 value 并选择与之相等的 case 执行。

　　⭐提 示　　Switch 语句中至少要有一个分支以保证其完备，也可以在最后为其添加 default 分支来覆盖所有其他情况。

　　在 Swift 中，Switch 的用法更加强大。我们可以在一条 case 之后使用多个用于判断的值，中间使用逗号（,）分隔，甚至可以使用 String 类型用于条件判断，而无须局限于 char Int 等意义较弱的数据类型。

在 Swift 中，每个 case 无须再手动加入 break，因为 Swift 不再像其他语言执行完一个 case 之后，如果没有 break 语句会自动执行下一个 case 中的内容。

下面是一个典型的 Switch 语句，用于判断一个字符是否为元音或辅音。

```
let someCharacter: Character = "e"
switch someCharacter {
case "a", "e", "i", "o", "u":
    println("\(someCharacter) is a vowel")
case "b", "c", "d", "f", "g", "h", "j", "k", "l", "m",
"n", "p", "q", "r", "s", "t", "v", "w", "x", "y", "z":
    println("\(someCharacter) is a consonant")
default:
    println("\(someCharacter) is not a vowel or a consonant")
}
```

结果输出为：e is a vowel。

5.4.3　Fallthrough

前面提到 Swift 中的 Switch 语句不同于其他语言，在每条 case 结束时无须手动添加 case 语句，编译器会在 case 结束后自动跳出 Switch 语句，但某些情况下我们可能会需要在某条 case 语句执行之后，继续执行下面的语句，这时可以使用 Fallthrough。

当不使用 Fallthrough 时，运行下面的代码：

```
var name = "Mark"
switch name {
    case "Bill":
    println("Hi, I`m Bill")
    case "Mark":
    println("Hi, I`m Mark")
    case "Steve":
    println("Hi, I`m Steve")
default:
    println("No one")
}
```

输出结果为：Hi, I`m Mark。

在将代码加入 Fallthrough 后为：

```
var name = "Mark"
switch name {
    case "Bill":
    println("Hi, I`m Bill")
    case "Mark":
    println("Hi, I`m Mark")
    fallthrough
    case "Steve":
    println("Hi, I`m Steve")
default:
    println("No one")
}
```

输出结果为：

Hi, I`m Mark
Hi, I`m Steve

此时 case "Mark"：子句会执行，并且因为最后包含了 Fallthrough，程序在执行完这条子句后会顺次执行下一条子句 case "Steve"，因为 case "Steve":子句中并不包含 Fallthrough，所以 switch 在这里结束。

★ 提 示　fallthrough 语句之后必须要有其他可执行的 case，如果 fallthrough 后没有其他 case，程序会报错。

5.4.4　基于区间操作符的条件判断

在 Swift 中，Switch 语句还支持使用区间操作符进行条件判断。

例如：

```
let datalength:Double = 2_621_440
var readableLength = ""
switch datalength {
case 0..<1024:
    readableLength = "\(datalength) B"
case 1024..<1024*1024:
    readableLength = "\(datalength/(1024)) KB"
case 1024*1024..<1024*1024*1024:
    readableLength = "\(datalength/(1024*1024)) MB"
default:
    readableLength = "\(datalength/(1024*1024*1024)) GB"
}

println(readableLength)
```

结果输出为：2.5MB。
这段代码通过判断长度的区间来合理地选择输出的单位。

5.4.5　基于元组的条件判断

Switch 语句还支持对元组类型进行条件判断，元组中的元素既可以是值也可以是区间，当忽略元组中某些值时，可以使用下划线（_）将其替代。

例如，我们想判断一个点在二维坐标系中的位置，可以使用以下代码：

```
let point = (1,-1)
switch point {
case (0,0):
    println("Origin Point")
case (0,_):
    println("On the x-axis")
case (_,0):
    println("On the y-axis")
case (0...Int.max,0...Int.max):
    println("The first quadrant")
case (-Int.max...0,0...Int.max):
```

```
    println("The second quadrant")
case (-Int.max...0,-Int.max...0):
    println("The third quadrant")
case (0...Int.max,-Int.max...0):
    println("The fourth quadrant")
default:
    println("Out of range!")
}
```

结果输出为：

The fourth quadrant

5.4.6　绑定值

case 分支条件允许将元组中的一个值绑定到一个临时的常量或变量中，这样在 case 语句中便可以引用这个常量或变量了。

例如：

```
let point = (1,-1)
switch point {
case (0,0):
    println("Origin Point")
case (0,_):
    println("On the x-axis")
case (_,0):
    println("On the y-axis")
case let (x,y):
    println("point is (\(x),\(y))")
default:
    println("Unknow")
}
```

结果输出为：

point is (1,-1)

5.4.7　Where 语句

除了基于特定值和区间的判断，case 分支还可以使用 where 语句来进行额外的条件判断。

下面的例子就是把点（x,y）进行更细致的分类：

```
let anotherPoint = (1, -1)
switch anotherPoint {
case let (x, y) where x == y:
    println("(\(x), \(y)) is on the line x == y")
case let (x, y) where x == -y:
    println("(\(x), \(y)) is on the line x == -y")
case let (x, y):
    println("(\(x), \(y)) is just some arbitrary point")
}
```

结果为:

(1, -1) is on the line x == -y

这里的三个 case 都声明了常量（x,y）用于获取 anotherPoint 的值，这些常量被当做 where 语句中判断的条件的参数，并创建了一个动态的过滤器，当 where 语句的结果为 true 时，执行 case 中的内容。这里不需要 default 分支的原因是最后一个 case 已经覆盖了其余的所有可能，所以 default 可以不再添加。

5.5   控制转移语句

控制转移语句包括 continue 语句和 break 语句。

5.5.1   continue 语句

continue 语句用在循环体中，表示结束本次循环并立即开始下一次循环，这样程序会忽略在循环体中 continue 后面的语句。例如，输出 1 到 10 之间的所有奇数，代码为:

```
for index in 1...10 {
    if index%2 == 0 {
        continue;
    }
    println(index)
}
```

输出结果为:

```
2
4
6
8
10
```

在上面的案例中，先枚举了 1 至 10 区间。在循环体中，依次将对应的数字进行取余运算，当结果不为 0 时，可以说明该数字为奇数，当结果为 0 时，使用 continue 语句跳出本次循环。

5.5.2   break 语句

break 语句用于立即结束整个控制流，当条件满足无须再继续循环或者无须继续判断 switch 中的其他条件分支时，可以使用 break。

下面为一个循环语句中的 break 例子:

```
for index in 1...10 {
    if index == 6 {
        break;
    }
    println("Run at index : \(index)")
}
```

这段代码输出为:

```
Run at index : 1
Run at index : 2
Run at index : 3
Run at index : 4
Run at index : 5
```

当 break 用于嵌套循环体时，仅仅能跳出当前循环。例如：

```
for outerIndex in 1...3 {
    for innerIndex in 0...2 {
        println("Outer: \(outerIndex) Inner: \(innerIndex)")
        if innerIndex == 1{
            break
        }
    }
    if outerIndex == 2 {
        break
    }
}
```

结果输出为：

```
Outer: 1 Inner:0
Outer: 1 Inner:1
Outer: 2 Inner:0
Outer: 2 Inner:1
```

下面为在 Switch 中使用 break 的例子：

```
let num:Int = 5
switch num {
case 0...10:
    if num == 5 {
        println("break")
        break;
    }
    println("between 0 and 10")
default:
    println("default")
}
```

此时这段代码只打印 break。

5.6 标签语句

在 Swift 中，虽然使用 break 可以很直接跳出当前循环，但如果控制流结构互相嵌套时，如果要提前结束其中某一层控制流，只能靠声明各种变量来记录，而且实现过程中很容易发生错误。此时可以指明 break 或 continue 作用于哪个控制流。

为了实现整个目标，需要用标签来标记一个循环体或者一个 Switch 代码块，当使用 break 或 continue 时，在后面带上要作用的标签，即可控制该循环体或 Switch 代码块的中断或执行标记一个语句，只需要在该语句的关键词前加上标签名，然后在标签名后加冒号（:）即可。

例如，标签一个 while 循环体的格式为：

```
label name : while condition {
    statements
}
```

下面是一个用过标签语句跳出多层 for 循环的例子：

```
outerLoop: for outerIndex in 1...3 {
    for innerIndex in 0...2 {
        if innerIndex == 1{
            break outerLoop
        }
        println("Outer: \(outerIndex) Inner: \(innerIndex)")
    }
}
```

结果输出为：

```
Outer: 1 Inner: 0
```

★ 提 示　标签语句虽然十分快捷，但是大量使用标签语句会让代码变得可读性很差，在多次使用标签语句时，要多思考是否可以重构逻辑，使程序更加清晰。

5.7　本章小结

Swift 针对控制流语句做了诸多十分有益的扩展功能，在充分了解之后可以用更少的代码完成更高效的功能。本章的知识点较为分散，建议参照各个知识点中的范例逐一消化理解。

5.8　习题

1. 输出所有在 100～999 区间的水仙花数。所谓的水仙花数是指一个 3 位数，其各位数字立方和等于该数本身。如 153 是一水仙花数，因为 153=1^3+5^3+3^3。

2. FizzBuzzWhizz 游戏的规则是从 1 数到 100，如果遇见了 3 的倍数要说 Fizz，5 的倍数要说 Buzz，如果既是 3 的倍数又是 5 的倍数要说 FizzBuzz，那么请分别将这三类数字存储在数组中并打印。

第6章 函数

函数是用来完成特定功能的独立代码块，可以为函数命名并且在需要的时候调用它。Swift中的函数十分多变，既有类似 C 风格的无参数函数，也可以支持 Objective-C 中可以带局部和外部参数名的复杂函数。

 本章重点

➢ 函数的定义和调用
➢ 多重参数函数
➢ 多重返回值函数
➢ 内部参数和外部参数
➢ 可变参数
➢ 变量参数
➢ 函数类型
➢ 函数类型的多种用途
➢ 嵌套函数

6.1 函数的定义和调用

函数包含函数名、参数、函数体、返回值类型几个部分。

函数名用来描述函数具体执行什么功能，当使用一个函数时，需要用函数名才能调用它。定义函数时也可以使用一个或多个有名字和类型的值作为函数的参数，当函数内部的函数体运行结束后，还可以指明一个返回值类型将函数运算的结果返回。

Swift 语言中的函数语法格式为：

```
func functionName(paramName1: paramType1) → returnType
{
    // body
}
```

首先函数名需要以关键词 func 作为前缀，然后定义函数名 functionName，接下来定义函数的参数名 paramName 以及参数类型 paramType 并用括号包围，其后用 ->连接定义的返回值类型 returnType，最后用大括号将函数体 body 包括起来。

下面是一个叫做 sayHi 的函数，可以接受以 String 类型的人名为参数并返回一个 String 类型的结果。

```
func sayHi(personName: String) →String
{
    let greeting = "Hi," + personName + "!"
    return greeting
```

```
}

println(sayHi("John Snow"))
```

结果输出为：Hi,John Snow!

在 sayHi 的函数体中，我们生成了一个叫做 greeting 的字符串类型常量，然后使用 return 关键词将这个字符串作为返回值，当函数被调用时即返回 greeting 的值，只需要保证返回值的数据类型和定义中一致即可。当函数声明完毕，可以尝试用不同参数反复调用 SayHi 来输出的不同结果。例如：

```
println(sayHi("Ned Stark"))
println(sayHi("Imp"))
```

结果输出为：

```
Hi,Ned Stark!
Hi,Imp!
```

6.2 多重参数函数

当函数需要输入多个参数时，可以将多个参数写在括号中，中间用逗号（,）分隔。

例如，下面的函数 sum 支持输入 2 个参数：Int 类型参数 a 和 Int 类型参数 b，在函数体中将两个参数的值求和并作为返回值。

```
func sum(a: Int, b: Int) →Int
{
    return a+b
}

println(sum(1,2))
```

结果输出：3。

6.3 无参数函数

函数也可以没有参数，但即使没有参数也需要在定义函数名后加上一对括号，调用时也需要在函数名后加上一对括号。例如：

```
func sayHiToEveryone() →String
{
    return "Hi,everybody:D"
}
println(sayHiToEveryone())
```

结果输出：Hi, everybody:D。

当无须返回数据时，我们可以忽略返回值。例如：

```
func justPrint()
```

```
{
    println("print something")
}
justPrint()
```

结果输出为：print something。

★ 提 示 　当定义了有返回值时，在函数体中必须要返回一个值，否则编译器会报错。

6.4 多重返回值函数

在以往的其他语言或者数学定义中，函数只能有一个返回值，但在具体使用时，经常会碰到一次需要返回多个值的情况，以往为了满足这种情况，会不得不创建一个对象，将要返回的值封装在对象中，再将对象返回。

在 Swift 中，有了一个更好的解决方案。因为引入了元组，并且 Swift 支持将元组类型作为返回值，所以由此便可以将多个值变为一个复合值从函数中返回。例如，要实现一个函数，统计一个字符串中元音字母、辅音字母、其他字符的个数，代码如下：

```
func count(string: String) → (vowels: Int， consonants: Int， others: Int) {
    var vowels = 0, consonants = 0, others = 0
    for character in string {
        switch String(character).lowercaseString {
        case "a", "e", "i", "o", "u": //计算元音
            ++vowels
        case "b", "c", "d", "f", "g", "h", "j", "k", "l", "m",
          "n", "p", "q", "r", "s", "t", "v", "w", "x", "y", "z": //计算辅音
            ++consonants
        default: //其他字符
            ++others
        }
    }
    return (vowels, consonants, others)
}
let total = count("some arbitrary string!")
println("\(total.vowels) vowels and \(total.consonants) consonants")
```

结果输出为：6 vowels and 13 consonants。

6.5 外部参数名

我们之前定义函数式时函数的一个参数包含一个参数名和一个参数类型。例如：

```
func personalInfo(Name: String, Age: Int) →String
{
    return "\(Name) is \(Age) years old."
}

personalInfo("Tom", 12)
```

在调用时，因为（Name: String,Age: Int）这种局部参数名只能在函数体内使用，不能在调用时显示在方法中，不能帮助我们理解函数各个参数的意义，所以引入了外部参数名，在函数调用时显示参数名，外部参数名写在局部参数之前，中间用空格分隔。语法为：

```swift
func someFunction(externalParameterName localParameterName: parameterType) {
    // function body goes here, and can use localParameterName
    // to refer to the argument value for that parameter
}
```

利用外部参数，刚才的方法可以改写为：

```swift
func personalInfo(UserName Name: String,UserAge Age: Int) →String
{
    return "\(Name) is \(Age) years old."
}

personalInfo(UserName: "Tom", UserAge: 12)
```

这里为局部参数 Name 增加了叫 UserName 的外部参数，并为局部参数 Age 增加外部参数 UserAge，这样在调用时便获得了比之前版本更有可读性的调用方式。

6.6 内部参数和外部参数的统一

外部参数虽然很实用，但是由于外部参数通常是和内部参数一致的，经常需要反复写两次参数名，十分麻烦。为了简化这个步骤，只需要在内部参数名前加井号（#）作为前缀，这样编译器会将内部参数名同时定义为外部参数名。

例如：

```swift
func personalInfo(#Name: String,#Age: Int) →String
{
    return "\(Name) is \(Age) years old."
}

personalInfo(Name: "Tom", Age: 12)
```

6.7 默认参数

Swift 函数支持对每个参数定义默认值，当默认值被定义后，调用函数时便可以忽略这个参数，定义默认参数直接在参数类型后面用等号赋值即可。

例如：支持默认参数的 personalInfo 函数为：

```swift
func personalInfo(Name: String = "Tom",Age: Int = 12) →String
{
    return "\(Name) is \(Age) years old."
}
println(personalInfo())
println(personalInfo(Age:30))
println(personalInfo(Name:"Jack"))
```

输出结果为:

```
Tom is 12 years old.
Tom is 30 years old.
Jack is 12 years old.
```

其中,将 Name 的默认值定义为"Tom", Age 的默认值定义为 12,当为参数定义默认值后,Swift 会自动为其提供外部参数名,所以无须再单独定义外部参数。

6.8　可变参数

一个可变参数可以接受一个或多个值,在函数调用时,通过可变参数来传入不确定数量的参数,定义一个可变参数的方法为在参数类型后加三个点（…）,并需要保证可变参数为函数的最后一个参数。

例如,求任意个数字的平均数:

```
func getAverage(numbers: Double...) → Double {
    var total: Double = 0
    for number in numbers {
        total += number
    }
    return total / Double(numbers.count)
}

getAverage(1, 2, 3, 4, 5)
getAverage(2, 4, 6, 8)
```

在函数体中,可以用读取数组的方式来读取可变参数中的值。

★ 提示　为了避免歧义,每个函数最多只能包含一个可变参数。

6.9　变量参数

函数中的参数默认为常量,这表示在函数体中更改参数值时会导致编译错误。当需要修改参数值时,可以将参数声明为变量参数,声明变量参数只需要在对应参数名前加 var 并用空格分隔,与声明一个变量的方法一样。例如:

```
func addAllStr(var baseStr: String, strArray: String...) → String
{
    for s in strArray {
        baseStr += s
    }
    return baseStr
}

println(addAllStr("base_","a","b","c","d"))
```

结果输出为:

base_abcd

6.10　输入输出参数

函数的参数一般只能在函数体内被使用，即使是变量参数也只能在函数体内被修改。当需要一个函数可以修改参数的值并且修改之后的结果在函数体外也有效时，需要把这个参数定义为输入输出参数。定义输入输出参数时，在参数定义前加 inout 关键字并且在调用函数传入参数作为输入输出参数时，需要在参数前加& 表示这个值可被修改。

例如：

```
func forceSayHi(inout name: String ) →String
{
    name = "Tom"
    return "Hi,"+name
}
var name:String = "Jack"
println(forceSayHi(&name))
println(name)
```

结果输出为：

```
Hi,Tom
Tom
```

使用输入输出参数时需要注意以下几点：

（1）只能将变量作为输入输出参数，不能使用常量或字面量等不可修改的量。

（2）声明变量时必须经过初始化。

（3）输入输出参数也不能有默认值。

（4）当用 inout 标记一个参数时，这个参数不能被 var 或 let 标记。

6.11　函数类型

类似于 C 语言中的函数指针，Swift 支持对函数类型的定义。可以定义一个类型为函数的常量或变量，并将函数作为值赋给它。

例如：

```
func sayHi(name: String ) →String
{
    return "Hi,"+name
}

var someFunc: (String) → String = sayHi
someFunc("Jobs")
```

这里定义了一个叫做 someFunc 的变量，类型是有一个 String 参数并且返回值为 String 的函数，我们将这个变量的值指定为 sayHi。

同其他类型一样，当将函数赋值给一个常量和变量时，也可以无须指定其类型，交给 Swift 来进行类型推导即可。例如：

```
var simpleFunc = sayHi
```

6.12 函数类型作为函数的参数

函数类型同样可以作为另一个函数的参数类型，这样便可以将函数的一部分交给函数的调用者，使函数的灵活性大大提高，实现了函数的多态。例如：

```
func addTwoInts(a: Int,b:Int) → Int
{
    return a+b
}

func printMathResult(mathFunction: (Int, Int) → Int, a: Int, b: Int) {
    println("Result: \(mathFunction(a, b))")
}
printMathResult(addTwoInts, 3, 5)
```

结果输出为：

```
Result: 8
```

这里定义了 printMathResult 函数，并将第一个参数定义为 mathFunction 的函数，mathFunction 函数接受两个 Int 类型作为参数，返回值为 Int 类型，printMathResult 另外的两个参数为两个 Int 类型。printMathResult 函数体内将调用 mathFunction 函数并将两个参数传入，返回结果，printMathResult 的作用仅限于输出函数的结果，并不关心计算函数的实现细节，只需保证 mathFunction 的返回值正确即可。

6.13 函数类型作为函数的返回值

函数可以作为另外一个函数的返回值。例如：

```
func method1(para:Int) →Int
{
    return para+1
}

func method2(para:Int) →Int
{
    return para-1
}

func move(isForward: Bool) → (Int)→Int
{
    return isForward ? method1 : method2
}

println(move(true)(0))
println(move(false)(0))
```

结果输出为：

```
1
-1
```

这里定义了一个函数 move，根据参数 isForward 分别返回 method1 函数和 method2 函数。接着根据 move 函数返回的函数再传入参数进行计算。

6.14　嵌套函数

可以在函数体中定义新函数，但这个新函数对外是不可见的，只能内部调用或者作为返回值。例如，上面的程序也可以改写为：

```
func move(isForward: Bool) → (Int)→Int
{
    func method1(para:Int) →Int
    {
        return para+1
    }
    func method2(para:Int) →Int
    {
        return para-1
    }
    return isForward ? method1 : method2
}

println(move(true)(0))
println(move(false)(0))
```

此时 method1 函数无法在 move 函数体外被调用。

6.15　本章小结

通过使用函数，可以将特定的功能封装在一个代码块中，从而适用于更多的情况。在后续的章节中，也会使用到函数的概念。

6.16　习题

1. 请编写一个函数，该函数接受两个参数，一个参数为字符串类型 a，另一个参数为整型 n，该函数的功能为将字符串类型参数 a 的值反复 n 次返回。

2. 请编写一个函数，该函数的功能可以对字符串进行处理，返回一个由该字符串长度和将字符串全部转为大写组成的元组。

第 7 章　闭包

　　闭包是一个功能性的代码块，Swift 中的闭包类似于 Objective-C 中的 block，可以捕获和存储上下文中的变量和常量的引用。听起来很复杂，其实上一章中介绍的全局函数和嵌套函数也可以看作两种特殊的闭包形式。

　　闭包分为三种：

　　(1) 全局函数：一个有名字但是不会获取任何值的闭包。

　　(2) 嵌套函数：一个有名字并可以获取其所属的函数域内值的函数。

　　(3) 闭包表达式：一个没有名字利用简化的语法缩写的可以获取上下文变量和常量的闭包。

　　这里本章主要介绍闭包表达式。

本章重点

➤　闭包表达式

➤　尾随闭包

➤　在闭包中捕获值

➤　闭包是引用类型

7.1　闭包表达式

　　虽然可以通过嵌套函数在一个更大的函数中定义一个代码块，用于当做函数的参数以及返回值，但嵌套函数还是需要为其声明、命名等，这时可以使用闭包表达式。闭包表达式是一种极度精简过的内联闭包形式，在不影响其可读性的基础上尽可能地减少代码量，是 Swift 编程中的利器。

　　在 Swift 中，可以使用 sorted 函数来通过反复迭代对一个数组排序。sorted 函数由 Swift 标准库提供，用于对一个已知类型的数组排序，sorted 函数可以接收两个参数：

　　即一个已知类型的数组和一个接收两个相同类型元素的闭包，并返回值为布尔类型，这个闭包用来决定两个参数的大小关系，从而决定排序结果是升序还是降序。

　　当不使用闭包表达式而使用 sorted 函数时，需要的代码如下：

```
var houseList = ["Targaryen","Stark","Greyjoy","Tully","Lannister","Baratheon"]

func sortFunc(h1: String, h2: String) → Bool
{
    return h1 > h2
}

var houseListSorted = sorted(houseList, sortFunc)

println(houseListSorted)
```

结果输出为:

[Tully, Targaryen, Stark, Lannister, Greyjoy, Baratheon]

此时可以看到,为了传入一个 a>b 的表达式,啰嗦地声明了一个函数 sortFunc,在这里使用闭包表达式来代替 sortFunc 会使代码更简洁明了。

7.1.1 闭包表达式的语法

闭包表达式的语法格式为:

```
{ (prameters) → returnType in
    statements
}
```

闭包表达式的格式类似于函数,但省却了 func 关键字,函数内部的语句也改放在 in 的后面,无须另外书写大括号来包围。在闭包表达式中、参数类型可以是常量函数、变量函数以及输入输出(inout)函数,但不允许参数有默认值,按照闭包表达式语法,可以将 sortFunc 写为:

```
{ h1: String, h2: String → Bool in
    return h1 > h2
}
```

因为闭包表达式属于表达式的一种,所以闭包表达式也可以作为参数值传递,将这个闭包表达式传入 sorted 函数:

```
var houseListSorted = sorted(houseList, { (h1: String, h2: String) → Bool in
    return h1 > h2
})
```

无须担心在定义闭包表达式时出错,XCode 自带了语法提示,当输入 sorted 时可以选择对应的函数,基本的模板已经自动生成,只需要填入想要的代码即可。

7.1.2 省略参数类型

在上一节中我们将函数简化为闭包表达式,但在闭包表达式还可以继续精简,如借由强大的类型推导功能,可以将闭包表达式中的参数类型 String 省略。由于 sorted 第一个参数中数组内的元素类型已经确定为 String,所以第二个参数一定为(String, String) -> Bool,这就意味着闭包表达式中的参数类型可以推导,无须输入。

同样由于返回值的类型也是固定的,也可以省略,那么返回符号和参数值外面的括号也可以省略。

表达式变为:

```
{h1, h2 in return h1 > h2}
```

当我们将一个参数传递作为内联闭包时,可以由此推断出闭包的参数类型,如在上面的案例中,闭包可以确定为 String 类型,但必要时还是要尽量标明参数类型,使代码的可读性更强。

7.1.3 省略 return 语句

在上面的闭包表达式中实际有意义的代码只有 return h1 > h2,所以,可以忽略掉 return 关键字，让代码更简洁：

```
{h1, h2 in h1 > h2}
```

7.1.4　参数名省略

Swift 为内联闭包中的参数名提供了快速标记方法，可以使用$0、$1、$2 来指代闭包中的第一个参数、第二个参数、第三个参数。这样，便可以完全省略掉参数，同时关键词 in 也可以一并省却。变为：

```
{$0 > $2}
```

7.1.5　操作符函数

经过上面的重重精简，看起来已经没什么好省略的内容了，但在 Swift 中，String 类型定义了大于操作符（>）的专有实现，其形式是一个由两个字符串类型参数和一个布尔类型返回值组成的，这恰好和需要的类型一致，所以可以简单地将操作符传入。

例如：

```
var houseListSorted = sorted(houseList,  >)
```

再回忆一下最初的闭包函数：

```
var houseListSorted = sorted(houseList, { (h1: String, h2: String) → Bool in
    return h1 > h2
})
```

7.2　尾随闭包

当需要传递一个闭包表达式给一个函数作为最后一个参数时，可以将它替换为尾随闭包，尾随闭包可以将闭包表达式写在函数调用括号之后。

例如，刚才的 sorted 函数调用可以改写为：

```
var houseListSorted = sorted(houseList){$0 > $2}
```

这看起来好像没什么区别，当闭包表达式特别长，可能会影响阅读时便是尾随闭包有用的时刻。

例如，Array 类型内置的 map 方法遍历其中的每个元素并返回其映射的值，当提供给数组闭包函数后，map 方法返回替换之后结果的数组。

在 Swift 中，还可以利用在 map 中使用尾随闭包法来将 Int 类型数组（[10，23，456]）转化为由字符串组成的数组（[OneZero，TwoThree，FourFiveSix]）：

首先定义一个字典，用于数字 0 到 9 和字符串间的映射，同时声明一个待转换的数组：

```
let digitNames = [
    0: "Zero", 1: "One", 2: "Two",    3: "Three", 4: "Four",
    5: "Five", 6: "Six", 7: "Seven", 8: "Eight", 9: "Nine"
]
let numbers = [10,23,456]
```

然后调用 map 方法并使用尾随闭包为其传递参数，此时因为 map 只需要一个参数，所以可以省略后面的括号：

```
let result = numbers.map {
//使用尾随闭包将参数放在 map 方法调用之后
    (var number) → String in
//声明内联闭包的参数以及返回值
    var output = ""
    while number > 0 {
//利用求余表达式反复对末位数进行转换，使用感叹号(!)的原因是保证返回的值为 String 类型
        output = digitNames[number % 10]! + output
        number /= 10
    }
    return output
}
println(result)
```

结果输出：

```
[OneZero, TwoThree, FourFiveSix]
```

从这里可以看出，通过使用尾随闭包，无须将整个闭包函数写在函数调用的括号内，代码变得更加简洁，有更好的阅读性。

7.3　捕获值

闭包可以在其定义的上下文中捕获常量或变量。即使定义这些常量和变量的原域已经不存在，闭包仍然可以在闭包函数体内以最后一次使用时的值引用和修改。这种特性可以通过嵌套函数来体现，在嵌套函数的函数体内，依然可以捕获其外部函数所有的参数以及常量和变量。

例如：

```
func makeIncrementor(forIncrement amount: Int) → () → Int {
    var runningTotal = 0
    func incrementor() → Int {
        runningTotal += amount
        return runningTotal
    }
    return incrementor
}

let incrementByFive = makeIncrementor(forIncrement: 5)
println(incrementByFive())
println(incrementByFive())
println(incrementByFive())
```

结果输出为：

```
5
10
15
```

这里定义了一个叫 makeIncrementor 的函数，其中包含了一个嵌套函数 incrementor 和一个整型变量 runningTotal（初始为 0）。嵌套函数 incrementor 虽然没有定义任何参数，但可以从外部捕获两个值，分别是 amout 和 runningTotal。incrementor 作为闭包 makeIncrementor 的返回值。

当 makeIncrementor 将 incrementor 返回时，可以看出 runningTotal 已经不在其作用域中，但由结果可知 runningTotal 变量依然是可用的并且会一直保留上次设置的值。这是因为 Swift 会自己决定捕获引用还是拷贝值，类似于 Objective-C 中的 ARC。当 runingTotal 被函数 incrementor 使用时，其对象会一直保留不会被释放，否则会被清除。

如果想要获取一个新的 incrementor，只需要再用 makeIncrementor 重新生成一下即可。

例如：

```
let incrementBySix = makeIncrementor(forIncrement: 6)
println(incrementBySix())
println(incrementBySix())
```

结果输出为：

```
6
12
```

每个 incrementor 都拥有一个只属于自己的 runningTotal 引用，所以在 incrementBySix 中，runingTotal 从 0 开始重新计数，不与 incrementByFive 有任何联系。

7.4 闭包是引用类型

在 Swift 语言中，闭包被设计成引用类型。例如，在上面的例子中，incrementByFive 和 incrementBySix 都是常量，但是这些常量指向的闭包仍可以增加捕获的变量值。无论将函数或闭包赋值给一个常量或变量，实际的操作都只是将常量或变量的值设置为对应函数或闭包的引用。

例如：

```
let incrementByFive = makeIncrementor(forIncrement: 5)
var incrementByFive1 = incrementByFive
let incrementByFive2 = incrementByFive1
```

这三个函数都指向同一个 incrementor 函数，这也说明了为什么它们可以操作同一个变量值。

7.5 本章小结

并不是所有语言都支持闭包，如果使用过 Objective-C 中的 block，C#中的 lambda 或者 jS 以及 lua，那么一定很容易理解闭包。闭包可以使程序变得更加整洁可读，希望大家能够多加使用。

7.6 习题

参照 7.3 中的案例，声明一个函数 makeDrawer，包含一个函数 drawTo，该函数可以将点（元组类型）向上移动，并尝试调用打印对应结果。

第8章　枚举类型

枚举类型是用一组相关的值来表示一些特定的含义，与 C 和 Objective-C 不同，Swift 中的枚举成员不必一定要指定一个整型值，数值的类型也更加灵活，可以是一个字符串、一个字符，或者是浮点值。

本章重点

➢ 枚举类型的语法
➢ 匹配枚举成员

8.1　枚举类型的语法

枚举类型使用 enum 关键字定义，后面是枚举类型名，然后类似于 Switch 语句：在括号中定义每个枚举元素的值，并在每项前面加 case ：

```
enum Enumeration {
    case enumValue1
    case enumValue2
    …
    case enumValueN
}
```

例如，定义指南针的四个方向为一个枚举类型：

```
enum CompassPoint {
  case East    //东
  case South  //南
  case West    //西
  case North  //北
}
```

一个枚举中被定义的值（如 North，South，East 和 West）是枚举的成员值（或者成员）。case 关键词表明新的一行成员值将被定义。要特别注意的是，Swift 的枚举成员不会在创建时赋予默认值整数值，如这里的 East、South、West、North 并没有 0、1、2、3 的整数值与之对应。

也可以将多个成员值写在同一行，用逗号隔开：

```
enum CompassPoint {
  case East, South, West, North
}
```

在定义枚举类型时要保持与 Swift 的命名习惯一致，将枚举的名字首字母大写。为了便于阅读，枚举类型的名字应该为单数名字。获取一个枚举类型的成员值可以用点（.）来完成。例如：

```
var direction = CompassPoint.West
```

当对一个已知是该枚举类型的变量赋值时，可以将变量名省略，代码会更简洁：

```
direction = .East
```

8.2　匹配枚举成员

枚举成员可以通过 if 和 Switch 语句匹配，例如：

```
var direction = CompassPoint.East
if CompassPoint.East == direction {
    println("It is East")
}
```

结果输出为：

```
It is East
```

```
var target = CompassPoint.West

switch target {
case .North:
    println("North")
case .South:
    println("South")
case .East:
    println("East")
case .West:
    println("West")
}
```

结果输出为：

```
West
```

对于 Switch 的示例中，因为列举了 4 个分支，已经覆盖了 CompassPoint 中所有可能的值，所以可以省略 default 分支。

当写的分支没有覆盖所有可能时，必须要在最后添加 default 分支作为补充。

例如：

```
switch target {
case .North:
    println("North")
case .South:
    println("South")
default:
    println("Others")
}
```

8.3 相关值

在以往的枚举类型中，其中的枚举都只能表达一个值，当需要为每种类型定义更多相关的信息时，就需要使用相关值。它可以为每个枚举成员添加一个类似元组结构的相关值，这个元组内部可以保存任何想要存储的信息，也可以针对不同的枚举成员而定义不同的元组结构。

例如，要创建一个名为 Device 的枚举类型，包含两个枚举成员:Phone 和 Camera，其中 Phone 需要存储名称、生产公司、屏幕尺寸、操作系统版本对应的数据类型分别是 String String、Float、Float、Camera 需要保存名称、光圈大小，像素值对应的数据类型为 String、Float、Int。那么该枚举类型的定义可以写作:

```
enum Device {
    case Phone    (String, String, Float, Float)
    case Camera (String, Float, Int)
}
```

这样就可以创建一个新的枚举成员并赋予其不同属性。例如:

```
var iPhone6Plus = Device.Phone("iPhone6 Plus", "Apple Inc", 5.5,    8.1)
```

```
var LeicaM = Device.Camera("M240", 1.8, 920_000)
```

这里创建了一个叫做 iPhone6Plus 的常量并复制给它一个 Divce.Phone 的相关值("iPhone6 Plus", "Apple Inc", 5.5, 8.1）和一个叫做 LeicaM 的常量并复制给它一个 Camera 的相关值（"M240", 1.8, 920_000）。

类似于元组的使用，当想要取出枚举成员的相关值时，可以在某一分支中定义变量或常量与之对应，即可将其中的值提取出来。例如:

```
switch iPhone6Plus {
case .Phone(let name, let company, let ScreenSize, let OSVersion):
    println("Name: \(name),Company: \(company),Sreen Size: \(ScreenSize),OS Version: \(OSVersion)")
case .Camera(let name, let aperture, let pixels):
    println("Name: \(name),Aperture: \(aperture),Pixels: \(pixels)")
}
```

此时结果输出为:

```
Name: iPhone6 Plus,Company: Apple Inc,Sreen Size: 5.5，OS Version: 8.1
```

当将一个枚举成员的所有相关值提取常量或全部提取为变量时，可以只标记第一个，其他的省略。

例如，刚才的语句可以简化为:

```
switch iPhone6Plus {
case .Phone(let name, company, ScreenSize, OSVersion):
    println("Name: \(name),Company: \(company),Sreen Size: \(ScreenSize),OS Version: \(OSVersion)")
case .Camera(let name, let aperture, let pixels):
    println("Name: \(name),Aperture: \(aperture),Pixels: \(pixels)")
}
```

8.4　初始值

在 Swift 中枚举成员的默认值为空，不代表任何实际意义，当需要使每一个成员有一个初始值时，就需要先为枚举类型定义一个数据类型，而后就可以为其中的枚举成员定义初始值，初始值的类型可以是字符串、字符、整型或是浮点型，但必须要保持和枚举类型定义的数据类型一致。例如：

```
enum BreakingBad: String
{
    case LeadingRole = "Walter White"
    case SupportingRole = "Jesse Pinkman"
    case OtherRole = "Saul Goodman"
}
```

当想要获取其中一个枚举成员的初始值时，并不能直接通过枚举成员来获取，需要使用枚举成员的 rawValue 属性。例如：

```
println(BreakingBad.SupportingRole.rawValue)
```

结果输出为：

```
Jesse Pinkman
```

当只制定了部分成员变量的初始值时，Swift 可以通过推导将其他成员的初始值计算出来。例如：

```
enum Planet: Int {
    case Mercury = 1, Venus, Earth, Mars, Jupiter, Saturn, Uranus, Neptune
}

println(Planet.Mercury.rawValue)
println(Planet.Earth.rawValue)
```

结果输出为：

```
1
3
```

8.5　本章小结

Swift 中的枚举类型远比其他语言的枚举类型强大，通过相关值特性，枚举类型也可用于存储特定的值，而且枚举成员的值类型也不限于整型，这也有助于在实际开发中更灵活地使用枚举类型。

8.6　习题

1. 在使用成员变量推导时，如果对非首位成员的赋初始值，其他成员是如何推导的?请尝试分析规律。

2. 尝试编写一个利用相关值技术的枚举类型，并声明一个该类型枚举打印相关内容。

第 9 章　类和结构体

　　类和结构体是一种可以灵活使用的构造体。在类和结构体中可以像定义常量、变量和函数一样，定义相关的属性和方法，以此来实现各种功能。

　　和其他的编程语言不同的是，在 Swift 中，不再需要单独创建接口或者实现文件来使用类或者结构。Swift 中的类或者结构可以在单文件中直接定义，一旦定义完成后，系统会自动生成外部接口，可以直接被其他代码使用。

　本章重点

➤ 类和结构体的异同
➤ 定义类和结构体
➤ 创建类和结构体的实例
➤ 对类和结构体中属性访问与赋值
➤ 结构体类型手动构造属性初始值
➤ 值类型和引用类型
➤ 类和结构体的选择
➤ 属性
➤ 属性观察器

9.1　类和结构体的异同

　　结构体最初出现在 C 语言中，而类则是在后续的面向对象语言时才得以发明，在 Swift 结构中，体和类都被不同程度地增强，因为它们的功能有所重叠，新手在面对问题时经常不知道该使用哪一种，我们先逐条对比它们的特性。

　　1. 共同点

　　（1）支持定义属性：用于存储数值。

　　（2）支持定义方法：用于实现类或结构体中的相关功能。

　　（3）支持定义附属脚本：通过附属脚本访问其中值。

　　（4）支持定义构造器：用于对类或结构体进行初始化操作。

　　（5）支持协议：协议可用于对类和结构体提供标准功能。

　　（6）通过扩展来增加类或结构体默认实现的功能。

　　2. 类还有如下更多功能

　　（1）继承：允许一个类继承一个已有类的所有特征。

　　（2）类型转换：在运行时，可以检查和解释一个类实例的类型。

　　（3）析构器：用于释放类中包含的资源。

（4）引用计数：一个类的实例可以通过计数被多次引用。

9.2 定义类和结构体

类和结构体的定义方法类似，可以通过关键词 class 和 struct 来分别表示类和结构体，并在后面的大括号中定义其中具体的内容。

例如：

```
class AnyClass {
    //类的内容
}

struct AnyStruct {
    //结构体内容
}
```

★**提 示** *每当定义一个新类和结构体时，应该保证其命名风格符合 Swift 中对类型的命名规范，如 AnyClass 和 AnyStruct，而当定义属性和方法时，要尽可能地使用 someAttribute、someFunc 等，这样可以很清晰地将类型和属性或方法区分开，利于保证代码的可读性。*

下面定义一个地理位置结构体 Location，其中包含两个属性存储东经和北纬坐标，以及一个叫做 Picture 的类，其中含有地理位置、大小等信息。

```
struct Location {
    var longitude = 0.0
    var latitude = 0.0
}

class Picture {
    var location = Location()
    var author: String?
    var size = 0
    var isLandscape = false
}
```

这里的 Picture 类包含四个属性：

第一个是 Location 类型的属性，储存照片的地理位置。

第二个是 String 类型可选属性 author，存储照片的作者。

第三个是 size，默认为 0。

第四个是初始值为 false 的布尔属性，区分照片的方向。

9.3 创建类和结构体的实例

Location 结构体和 Picture 类仅仅描述了其中的属性和方法分别是什么，但没有定义其中具体属性的值，为此需要创建类和结构体的实例。

在其他语言中，一般会使用关键词 new 来新建一个类的实例，Swift 语言本着简化的原则可以直接在结构体或类的名称后加空括号，即可调用构造函数生成新实例。

例如：

```
let location = Location()
let picture   = Picture()
```

9.4　对类和结构体中属性访问与赋值

对实例中属性的访问可以使用点操作符（.），语法为：实例、属性。

例如：

```
let location = Location()

println("The longitude is \(location.longitude) and latitude is \(location.latitude)")
```

结果输出为：The longitude is 0.0 and latitude is 0.0。

如果需要访问的属性隶属的实例也是另一个实例的属性，也可以叠加使用点操作符。

例如，访问 Picture 实例中地理位置中的属性并输出：

```
let pic = Picture()

println("The longitude of picture is \(pic.location.longitude)")
```

结果输出为：The longitude of picture is 0.0。

点操作符也可以用作对属性变量的赋值操作。例如，重新设置 pic 中的地理坐标值：

```
let pic = Picture()

pic.location.longitude = 20.0

println("The longitude of picture is \(pic.location.longitude)")
```

结果输出为：The longitude of picture is 20.0。

9.5　结构体类型手动构造属性初始值

所有结构体都有一个默认的逐一成员构造器，可以对其中所有的属性逐一设置初始值。

例如：

```
let loca = Location(longitude:1.0, latitude:2.0)
```

这里通过构造器对属性 longitude 和 latitude 分别设置初始值。

★提示　与结构体不同，类的实例并不存在默认的对成员逐一赋值的构造器。

9.6　值类型和引用类型

在 Swift 语言中，数据类型可以分为值类型和引用类型两种。

9.6.1　值类型

值类型在赋值给一个变量、常数或传递给一个函数式时，实际上是一个拷贝的过程，新的值和原来的值没有任何关系，修改新的值也不会影响到原来的值。

在 Swift 中，所有的基本类型：整数（Integer）、浮点数（floating-point）、布尔值（Booleans）、字符串（string）、数组（array）和字典（dictionaries），都是值类型，并且都是以结构体的形式在后台所实现。结构体和枚举类型也是值类型，实例中包含的任何值类型属性在代码传递中也会被拷贝。

下面的例子中演示了结构体赋值的过程。

```
let locationOne = Location(longitude:100.0, latitude:200.0)
var locationTwo = locationOne
```

其中先声明了一个名为 locationOne 的 Location 结构体常量实例，并将初始值赋值为 longitude:100.0, latitude:200.0，然后声明了一个名为 locationTwo 的变量，并将 locationTwo 赋值为 locationOne，此时 locationOne 和 locationTwo 虽然有相同的值，却是两个不同的实例。

例如：

```
locationOne.longitude = 0.0

println("locationOne.longitude: \(locationOne.longitude) \n locationTwo.longitude: \(locationTwo.longitude)")
```

结果输出为：

```
locationOne.longitude: 0.0
locationTwo.longitude: 100.0
```

由此可见修改 locationOne 的属性并不会影响 locationTwo。

枚举也遵循此原则：

```
enum CompassPoint {
    case North, South, East, West
}
var currentDirection = CompassPoint.West
let rememberedDirection = currentDirection
currentDirection = .East
if rememberDirection == .West {
    println("The remembered direction is still .West")
}
```

结果输出为："The remembered direction is still .West"。

其中 rememberedDirection 被赋值为 currentDirection（值拷贝），当 currentDirection 值被修改后，rememberedDirection 并不会发生变化。

9.6.2　引用类型

与值类型不同，引用类型在被赋予到一个变量、常量或者被传递到一个函数时，操作的是引用，其并不是拷贝。因此，引用的是已存在的实例本身而不是其拷贝。在 Swift 中，类是引用类型。

当对类的实例做赋值操作时：

```
let pic = Picture()
```

```
pic.author = "Steve"
pic.size = 1024
pic.location.longitude = 100.0
pic.location.latitude = 100.0
//声明一个类的实例 并对其属性赋值

let myPic = pic
//声明一个名为 myPicde 的常量，并赋值为 pic
```

因为类是引用类型，所以 pic 和 myPic 实际引用是同一个 Picture 实例，也可以看作该实例有两个名字，分别为 pic 和 myPic。

```
myPic.author = "Jobs"
//将 myPic 的属性 author 修改为 Jobs

println("pic.author: \(pic.author)")
```

结果输出为：

```
pic.author: Jobs
```

此时可以看出 myPic 和 pic 对应同一个实例，当一个属性值发生变化时，myPic 和 pic 会同时变化。

★ 提示　虽然将 pic 和 myPic 声明为常量，但是依然可以修改其中的属性，这是因为这两个常量并不储存实例的数据，只是保存对实例引用，改变属性值并不会修改常量的引用。

9.6.3　恒等运算符

因为类是引用类型，所以存在多个常量或变量同时引用同一个类实例的情况，为了能区分变量或常量是否引用同一个类实例，Swift 提供了两个恒等运算符：

（1）等价于 === 当两个变量或常量引用了同一个类实例时返回 true，否则返回 false。

（2）不等价于 !== 与等价于（===）相反，引用同一个实例时返回 false，否则返回 true。

例如：

```
let pic = Picture()
let pic1 = Picture()
let pic2 = pic

if pic === pic1
{
println("pic 和 pic1 引用同一个类对象")
} else {
println("pic 和 pic1 引用不同的类对象")
}

if pic === pic2
{
println("pic 和 pic2 引用同一个类对象")
} else {
println("pic 和 pic2 引用不同的类对象")
}
```

结果输出为:

pic 和 pic1 引用不同的类对象
pic 和 pic2 引用不同的类对象

⭐ **提示** 等价于(===)需要和等于(==)区分:等价于(===)比较的两个变量或常量是否引用同一类实例;等于(==)则是比较的两个变量或常量的数值是否相等。

9.7　类和结构体的选择

当满足如下条件时,应该考虑使用结构体:

结构体只是用于封装少量并且简单的数值;内部的数值只需要考虑拷贝而不是被引用;结构体本身也只是以拷贝形式传递;无须集成另一个已存在类型的属性或方法。

上述情况可以具体为:

(1)几何形状坐标、封装原点以及宽高。

```
struct framePositon {
        var originX:Double
        var originY:Double
        var width:Double
        var height:Double
}
```

(2)三维坐标系中的一点。

```
struct Position {
    var x:Double
    var y:Double
    var z:Double
}
```

9.8　属性

在 Swift 中,将类和结构体中可以通过外部访问的非函数成员叫做属性,而属性按照不同用途和使用方法还可以分为存储属性和计算属性。

9.8.1　存储属性

存储属性就是在一个特定类和结构体的实例中的一个常量或变量,分别称为变量存储属性(使用 var 定义)和常量存储属性(使用 let 定义)。

下面代码分别定义了一个包含了一个变量存储属性 y 和一个常量存储属性的结构体 x。

```
struct    fixedXPosition {
    let x:Double
    var y:Double
}
//创建一个该结构体的实例
var position = fixedXPosition(x: 1, y: 2)
```

```
//因为我们将 x 定义为常量存储属性，所以在创建时必须为其定义一个初始值，并且之后不能修改
position.y = 3
//y 为变量存储属性，所以我们可以修改它的数值
println("x is \(position.x) y is \(position.y)")
```

输出结果为:

```
x is 1.0 y is 3.0
```

当将这个结构体的实例赋值给一个常量时，则无法修改其中的任何属性。

例如:

```
let zeroPosition = fixedXPosition(x: 0, y: 0)
zeroPosition.y = 0 //这里会报错  无法修改
//这里虽然 y 是变量存储类型但由于 zeroPosition 是常量所以依旧不可以修改
```

★ 提示   与类不同，当类的实例赋值给一个常量时，依旧可以修改这个实例的变量属性。

9.8.2 惰性存储属性

惰性存储属性中的惰性是指这个属性只在第一次访问该属性时才会被初始化赋值，这点在处理消耗资源但是不经常使用的属性时特别有用。声明一个惰性存储属性时，通常在 var 之前使用 lazy 关键词。

下面的例子使用了延迟存储属性来避免复杂类的不必要的初始化。例子中定义了 DataImporter 和 DataManager 两个类，DataImporter 提供从文件导入大数据的方法，在 DataManager 中定义了一个延迟存储属性来导入。

```
class DataImporter {
        func loadData () → String
        {
                //此处从文件加载数据
                return "large data here…"
        }
}


class DataManager {
        lazy var importer = DataImporter().loadData()
        var data = [String]()
}

let manager = DataManager()
manager.data.append("Some data")
manager.data.append("Some more data")
// DataImporter 实例的 importer 属性还没有被创建
```

DataManager 类包含了一个叫做 data 的可变存储属性，初始值为空字符串数组，用于存储和管理数据。当我们新建 DataManager 的实例时，为了避免 importer 初始化导入数据消耗过多资源和时间，可以 importer 声明为惰性存储属性，直到访问 importer 属性为止:

```
println(importer is \(manager.importer))
```

结果输出为：

importer is large data here…

9.8.3 计算属性

除了存储属性外，类和结构体也可以定义计算属性，计算属性不直接存储数值，而是通过 getter 来获取值，并且提供给一个可选的 setter 来间接地设置相关的属性值。

```
struct Point {
    var x = 0.0, y = 0.0
}
//Point 结构体存储一个二维坐标
struct Size {
    var width = 0.0, height = 0.0
}
//Size 结构体存储宽高信息
struct Rect {
    var origin = Point()
    var size = Size()
    var center: Point {
    get {
        let centerX = origin.x + (size.width / 2)
        let centerY = origin.y + (size.height / 2)
        return Point(x: centerX,   y: centerY)
    }
    set(newCenter) {
        origin.x = newCenter.x - (size.width / 2)
        origin.y = newCenter.y - (size.height / 2)
    }
    }
}
//Rect 结构体包含一个原点和宽高的信息，以及一个 Point 类型的计算属性 center
```

因为 center 的数值可以通过 origin 和 size 计算得出，所以我们为其定义一个 setter 和 getter 来对它进行读写操作。

```
var square = Rect(origin: Point(x: 0.0,   y: 0.0),
    size: Size(width: 10.0, height: 10.0))
//创建一个 Rect 实例并且将其初始化为一个原点在(0，0)宽高为 10 的矩形

let initialSquareCenter = square.center
//通过 getter 获取 center 的值并赋值给常量 initialSquareCenter

square.center = Point(x: 15.0, y: 15.0)
//通过 setter 修改 origin 和 size 移动这个矩形
println("square.origin is now at (\(square.origin.x),   \(square.origin.y))")
// 输出 "square.origin is now at (10.0, 10.0)"
```

在使用 setter 时定义了一个 myCenter 参数，实际上也可以省略这个参数。使用 setter 默认的参数 newValue，则刚才的结构体 Rect 可以改写为：

```
struct Rect {
    var origin = Point()
    var size = Size()
    var center: Point {
    get {
        let centerX = origin.x + (size.width / 2)
        let centerY = origin.y + (size.height / 2)
        return Point(x: centerX, y: centerY)
    }
    set {
        origin.x = newValue.x - (size.width / 2)
        origin.y = newValue.y - (size.height / 2)
    }
    }
}
```

9.8.4　只读计算属性

在只对计算属性设置 getter 而没有 setter 时该计算属性就是只读计算属性，只读计算属性通过点操作符访问，但不能设置新的值。

只读计算属性因为数值不固定，所以必须定义为变量。

只读计算属性的声明亦可以更简化，可以去掉 get 关键词和外层括号。

例如：

```
struct Cuboid {
    var width = 0.0, height = 0.0, depth = 0.0
    var volume: Double {
    return width * height * depth
    }
}
let fourByFiveByTwo = Cuboid(width: 4.0, height: 5.0, depth: 2.0)
println("the volume of fourByFiveByTwo is \(fourByFiveByTwo.volume)")
// 输出 "the volume of fourByFiveByTwo is 40.0"
```

这里定义了一个叫做 Cuboid 的结构体，包含 width、height、depth 三个属性，并且包含一个只读计算属性 volume 来返回该立方体的体积。

9.9　属性观察器

1. 局部变量

属性观察器可以监控和响应被观察属性值的变化，每次属性被设置时，便会调用相应的属性观察器。可以为属性添加如下的一个或全部观察器：

（1）willSet：在设置新的值之前调用。

（2）didSet：在新的值被设置之后立即调用。

（3）willSet：观察器会将新的属性值作为固定参数传入，在 willSet 的实现代码中可以为这个参数指定一个名称，如果不指定则参数仍然可用，这时使用默认名称 newValue 表示。

类似的，didSet 观察器会将旧的属性值作为参数传入，可以为该参数命名或者使用默认参数名 oldValue。

> **提示** willSet 和 didSet 观察器在属性初始化过程中不会被调用，它们只会当属性的值在初始化之外的地方被设置时被调用。

下面定义一个叫做 StepCounter 的类，用于记录步数，将对其中的关键数据 totalSteps 属性设置 willSet 和 didSet 观察器。

```
class StepCounter {
    var totalSteps: Int = 0 {
    willSet(newTotalSteps) {
        println("About to set totalSteps to \(newTotalSteps)")
    }
    didSet(oldTotalSteps) {
        if totalSteps > oldTotalSteps {
            println("Added \(totalSteps - oldTotalSteps) steps")
        }
    }
    }
}
let stepCounter = StepCounter()
stepCounter.totalSteps = 200
stepCounter.totalSteps = 360
stepCounter.totalSteps = 896
```

结果输出为：

```
About to set totalSteps to 200
 Added 200 steps
 About to set totalSteps to 360
 Added 160 steps
 About to set totalSteps to 896
 Added 536 steps
```

同样 willSet 和 didSet 也可以不指定参数名，可以利用默认参数名来简化上述代码：

```
class StepCounter {
    var totalSteps: Int = 0 {
    willSet {
        println("About to set totalSteps to \(newValue)")
    }
    didSet {
        if totalSteps > oldValue {
            println("Added \(totalSteps - oldValue) steps")
        }
    }
    }
}
```

2. 全局变量

前面介绍的是为局部变量实现计算属性和添加属性观察器，应用在函数、方法、闭包内部。

同样可以对全局变量定义计算属性和属性观察器。

例如：

```
var totalSteps: Int = 0 {
    willSet(newTotalSteps) {
        println("About to set totalSteps to \(newTotalSteps)")
    }
    didSet(oldTotalSteps) {
        if totalSteps > oldTotalSteps    {
            println("Old steps is \(oldTotalSteps)")
        }
    }
}

totalsStep = 42
```

结果输出为：

```
About to set totalSteps to 42
Old steps is 0

var elementA = 1
var elementB = 3
var average:Int {
get{
    return (elementA+elementB)/2
}
}
println("average is \(average)")
elementB = 5
println("average is \(average)")
```

结果输出为：

```
average is 2
//elementB 改为 5
average is 3
```

9.10　静态属性

在 C 或 Objective-C 中，可以使用关键词 global 来定义静态常量和静态变量。在 Swift 中，类型属性的作用范围限于类型的最外层的大括号内部。

可以使用关键词 static 来定义值类型的类型属性，以及使用关键词 class 来为类（class）定义类型属性，下面的例子演示了存储型和计算性类型属性的语法：

```
struct SomeStructure {
    static var storedTypeProperty = "Some value."
    static var computedTypeProperty: Int {
     return 40
    }
```

```
}
enum SomeEnumeration {
    static var storedTypeProperty = "Some value."
    static var computedTypeProperty: Int {
     return 41
    }
}
class SomeClass {
    class var computedTypeProperty: Int {
     return 42
    }
}
```

　　和实例中的属性一样,可以通过点操作符来获取和访问静态属性的值,不过无须通过实例,可以直接通过类型本身来获取和设置。例如:

```
println(SomeClass.computedTypeProperty)
// 输出 "42"

println(SomeStructure.storedTypeProperty)
// 输出 "Some value."
SomeStructure.storedTypeProperty = "Another value."
println(SomeStructure.storedTypeProperty)
// 输出 "Another value."
```

　　无法为类添加静态存储属性,只支持静态计算属性,下面的代码是错误的:

```
class SomeClass {
    static var storedTypeProperty = "Some value."
//错误 类无法添加静态存储属性
}
```

　　也无法在静态计算属性中访问非静态属性:

```
class SomeClass {
   var property = 42
    class var computedTypeProperty: Int {
     return property
//错误 因为 computedTypeProperty 是静态计算属性 而 property 不是静态属性
    }
}
```

　　反之,可以在非静态属性或函数中访问静态属性。例如:

```
class SomeClass {
    class var computedTypeProperty: Int {
        return 42
    }
    var property:Int {
        return SomeClass.computedTypeProperty
    }
}
```

```
var object = SomeClass()

println("property is \(object.property)")
```

结果输出为：

```
property is 42
```

9.11 本章小结

本章介绍了 Swift 中的重点类型——类和结构体，因为涉及的知识点比较多，在后续的章节中，会继续介绍类和结构体的更多重要特性，希望大家可以熟练掌握。

9.12 习题

1. 假设 iPhone 含有几项参数：屏幕尺寸、存储空间大小、处理器类型、系统版本、售价、颜色，请编写一个 iPhone 设备类，通过这个类声明不同型号的 iPhone 实例并打印相关结果。

2. 假设学生一学期选修了 3 门课程：classA、classB、classC，请编写一个学生成绩数据的结构体，并含有一个计算属性 averageScore，可用于返回三门课程的平均成绩，生成两个有效的成绩实例并打印题目对应的平均分数。

3. 为习题 1 中的设备类的系统版本属性添加属性观察器，并在属性更新前和更新后打印描述："开始更新系统"和"系统已经更新为：'对应系统版本号'"。

第 10 章　方法

本章介绍将特定的功能以函数的形式封装进类和结构体中的技巧，即"方法"。

 本章重点

➤ 方法的定义
➤ 实例方法
➤ 方法的局部参数名称和外部参数名称
➤ self 属性
➤ 方法的变异
➤ 类型方法
➤ 下标脚本
➤ 构造过程和析构过程

10.1　方法的定义

方法是与特定的类型相关联的函数。可以为类、结构体、枚举定义实例方法；方法为类型的实例提供了具体的功能，定义的方法也与 Objective-C 的类方法类似。

方法与前面介绍的函数使用方法相同，在 Swift 中，它们的区别主要在于使用的范畴不同：函数是独立的，可以在任何地方被调用；但方法封装于类、结构体或枚举类型中，调用需要借由实例或者类型本身。

10.2　实例方法

实例方法可以理解为只属于某个特定类型的全局函数，为这个特定类型的实例提供访问和修改实例属性的方法或提供与实例目的相关的功能，并以此来支撑实例的功能。

定义一个实例方法的语法与函数类似，写在所属类型的前后大括号之间，实例方法能够隐式访问该实例所有的其他方法和属性，并且无法脱离实例被调用。

例如，我们定义一个类 Counter，这个类拥有三个方法：

```
class Counter {
  var count = 0
  func increment() {
    count++
  }
  func incrementBy(amount: Int) {
    count += amount
  }
  func reset() {
```

```
        count = 0
    }
}
```

Counter 类声明了一个可变属性 count，用于记录计数器的数值。

当调用 increment 方法时，会让这个类实例中的 count 属性自增+1。

当调用 incrementBy(amount: Int)方法时，实例中的 count 属性会增加 amount。

当调用 reset 方法时，实例中的 count 清零。

调用实例方法与读取属性一样，先创建 Counter 类的实例，然后对实例使用点操作符（.）即可：

```
let counter = Counter()
// 初始计数值是 0
counter.increment()
// 计数值现在是 1
counter.incrementBy(3)
// 计数值现在是 4
counter.reset()
// 计数值现在是 0
```

10.3　方法的局部参数名称和外部参数名称

函数所有的参数默认都是局部参数，用于函数内部使用，与函数相同，我们也可以为参数定义一个外部参数名，在函数调用时使用。

Swift 中的方法和 Objective-C 的命名规则类似，方法的名称通常使用一个介词指向第一个参数，如 with、for、by 等，例如，Counter 类中 func incrementBy(amount: Int)方法，这种命名方式可以让方法被调用时像一个句子一样易读。与函数参数不同，在方法的参数中，Swift 默认仅给第一个参数名称默认为局部参数名称，之后其他的参数名称则同时作为局部参数名和外部参数名，这样的设计让 Swift 像 Objective-C 方法一样易于阅读，而且省略了为其他参数定义外部参数的重复工作。

下面可以将 Counter 重写，引入一个更强大的方法：

```
class Counter {
    var count: Int = 0
    func incrementBy(amount: Int, numberOfTimes: Int) {
        count += amount * numberOfTimes
    }
}
```

incrementBy 方法有两个参数：amount 和 numberOfTimes。默认情况下，Swift 只把 amount 当作一个局部名称，但是把 numberOfTimes 既看作局部名称又看作外部名称。下面调用这个方法：

```
let counter = Counter()
counter.incrementBy(5, numberOfTimes: 3)
// counter value is now 15
```

不必为第一个参数值再定义一个外部变量名，因为从函数名 incrementBy 已经能很清楚地看出它的作用。但是第二个参数就要被一个外部参数名称所限定，以便在方法被调用时明确它的作用。

这种默认的行为能够有效地处理方法（method），类似于在参数 numberOfTimes 前写一个井号（#）：

```
func incrementBy(amount: Int, #numberOfTimes: Int) {
  count += amount * numberOfTimes
}
```

这种默认行为使上面代码意味着：在 Swift 中定义方法使用了与 Objective-C 同样的语法风格，并且方法将以自然表达式的方式被调用。

10.4　为方法的第一个参数提供外部参数名

有时候，我们需要为方法的第一个参数提供外部参数名，尽管这不是默认的规则，仍然可以自己添加一个显示的外部名称或者用井号（#）作为第一个参数的前缀，来将这个局部名称作为外部名称使用。

例如：

```
class Counter {
  var count = 0
  func increment() {
    count++
  }
  func incrementBy(#amount: Int, numberOfTimes: Int) {
  count += amount * numberOfTimes
}   func reset() {
    count = 0
  }
}
```

此时调用该方法时编译器会提供外部参数：

```
let counter = Counter()
counter.incrementBy(amount:5, numberOfTimes: 3)
```

反之，如果不想为第二个以及后面的参数提供一个外部名称，可以使用下划线（_）作为该参数的显示外部名称，将编译器的默认行为覆盖：

```
func incrementBy(#amount: Int, _ numberOfTimes: Int) {
  count += amount * numberOfTimes
}
```

此时调用该函数则是：

```
let counter = Counter()
counter.incrementBy(amount:5, 3)
```

★提示　当使用下划线（_）覆盖外部参数时要注意下划线和参数名间留有空格。

10.5　self 属性

类型的每个实例都有一个隐含的属性 self，这在面向对象语言中很常见，self 完全等同于该实例本身，可以在一个类型的方法中使用这个 self 属性来引用当前实例。

例如：

```
class Counter {
  var count = 0
  func increment() {
    self.count++
  }
}
```

从上面的例子中可以注意到，这里的 self 并不是必要的，也无须在代码里经常写 self，只要在一个方法中使用隶属于同一个的属性或者方法就无须写 self。

self 的主要作用是区别局部参数名称和属性名称。当局部参数名称和属性名称相同时，如果不使用 self 强调，编译器将默认为局部参数名称，此时使用 self 即可区分这种歧义。

在下面的例子中，我们定义了一个类 Location，这个类包含一个方法 updateXBy 可以传入一个叫作 x 的参数，Location 还包括两个存储属性 x、y，此时在 updateXBy 方法中直接使用 x 时，代表的是局部参数 x，而使用 self.x 时，则是引用该对象的存储属性 x。

例如：

```
class Location {
    var x = 0
    var y = 0
    func updateXBy(x:Int) {
        self.x += x
    }
}

var location = Location()
location.updateXBy(5)
println("location.x is \(location.x)")
location.updateXBy(3)
println("location.x is \(location.x)")
```

执行这段代码输出结果为：

```
location.x is    5
location.x is    8
```

10.6　方法的变异

虽然结构体和枚举类型是值类型，通常无法修改它们的属性，但在需要在某个具体的方法中修改结构体或者枚举的属性时，可以使用变异（mutating）这个方法从内部改变它的属性。

使用变异方法时，需要将关键词 mutating 放置在 func 关键词之前。

例如：

```
struct Point {
    var x = 0.0, y = 0.0
    mutating func moveByX(deltaX: Double, y deltaY: Double) {
        x += deltaX
        y += deltaY
```

```
  }
}
var somePoint = Point(x: 1.0, y: 1.0)
somePoint.moveByX(2.0, y: 3.0)
println("The point is now at (\(somePoint.x), \(somePoint.y))")
// 输出 "The point is now at (3.0, 4.0)"
```

这里定义了一个变异方法 moveByX，这个方法被调用时可以修改这个实例的值属性。

★ 提 示　要让结构体和枚举类型中的方法参数可修改，只能用 mutating，不能用 var，而对于类，要让类方法参数可修改，只能用 var，不能用 mutating。

变异方法还能够给隐藏属性 self 赋予一个全新的实例，上面的例子可以改写为：

```
struct Point {
  var x = 0.0, y = 0.0
  mutating func moveByX(deltaX: Double, y deltaY: Double) {
    self = Point(x: x + deltaX, y: y + deltaY)
  }
}
```

改写后变异方法新创建了一个结构体并赋予自己，与之前的结果相同。

枚举的变异方法可以将自己改变为不同的枚举成员。例如，定义了枚举型 TriStateSwitch，并为其定义了变异方法 next，每次调用 next 时，就会将这个枚举的实例改变为其他值。

例如：

```
enum TriStateSwitch {
  case Off, Low, High
  mutating func next() {
    switch self {
    case Off:
      self = Low
    case Low:
      self = High
    case High:
      self = Off
    }
  }
}
var ovenLight = TriStateSwitch.Low
ovenLight.next()
// ovenLight 现在等于 .High
ovenLight.next()
// ovenLight 现在等于 .Off
```

10.7　类型方法

类型方法即静态方法，可以在类方法前加 class 或在结构体和枚举方法前加 static 来将其设置为类型方法，类型方法的调用和实例方法一样，使用点操作符（.），但是类型方法并不通过实例来调用，而是直接在类型层面上调用。

例如：

```
class myClass {
    class func staticMethod() {
        println("ouput for myClass")
    }
}
myClass.staticMethod()
```

结果输出为：

```
ouput for myClass
```

当使用类型方法时，在方法体中使用 self 指向的是这个类型本身，而不是该类型的实例。例如：

```
struct Point {
    static var x:Int = 1
    static var y:Int = 2

    static func moveTo(x:Int,y:Int) {
        println("x = \(x)")
        println("y = \(y)")
        println("self.x = \(self.x)")
        println("self.x = \(self.y)")
    }
}

Point.moveTo(3, y: 4)
```

结果输出为：

```
x = 3
y = 4
self.x = 1
self.y = 2
```

10.8   下标脚本

下标脚本可以定义在类（Class）、结构体（Structure）和枚举（Enumeration）中，通过下标脚本可以快速访问对象、集合和序列中的内容而无需调用实例的特定赋值和访问方法。例如，访问数组中的元素可以写为：myArray[index]，访问字典中的元素可以写为 myDictionary[key]。

10.8.1   下标脚本语法

下标脚本允许在实例后通过方括号传入一个或多个索引值来对其进行访问和修改，其定义方法与实例方法类似，使用关键词 subscript 并声明参数与返回值。与实例方法不同的是，下标脚本可以单独设定为可读写或是只读，类似计算型属性的 getter 和 setter。

例如：

```
subscript(index: Int) → Int {
    get {
```

```
    // 返回与入参匹配的 Int 类型的值
    }

    set(newValue) {
        // 执行赋值操作
    }
}
```

在 set 代码块中的参数 newValue 必须与返回类型相同，当然同样可以不定义参数名称而使用默认的 newValue 变量来赋值。与只读计算属性一样，我们可以省略掉 get 代码块的大部分，将内容直接写在 subscript。

例如：

```
subscript(index: Int) → Int {
    // 返回与入参匹配的 Int 类型的值
}
```

下面的代码演示了一个结构体 TimesTable，其使用了只读下标语法，这个结构体可以计算传入的数值的 n 倍。

```
struct TimesTable {
    let multiplier: Int
    subscript(index: Int) → Int {
        return multiplier * index
    }
}
let threeTimesTable = TimesTable(multiplier: 4)
println("4 的 5 倍是\(threeTimesTable[5])")
// 输出 "4 的 5 倍是 20"
```

10.8.2　下标语法的常用方法

下标脚本通常用来快速访问集合、列表或序列中的元素，也可以在特定的类或结构体中自由实现定制功能，可以看作是一种简化了调用成本的方法。

例如，在 Swift 的数组中，可以通过下标语法来进行存取操作，在下标脚本中传入该元素在数组中的位置，即可访问该元素：

```
var someValues = ["a","b","c","d"]
println("The second value is \(someValues[1])"
```

结果输出为：

```
The second value is b
```

上面的例子定义了一个名为 someValues 的数组变量，并将其初始化为一个包含了 4 个元素的数组实体，创建完成之后，我们就可以根据对应的元素位置来访问存储在该实例中的元素内容。

同样，也可以将下标语法应用于访问字典中的元素：

```
var numberOfLegs = ["spider": 8, "ant": 6, "cat": 4]
numberOfLegs["bird"] = 2
println(numberOfLegs)
```

结果输出为：

[ant: 6, bird: 2, cat: 4, spider: 8]

这里定义了一个叫作 numberOfLegs 的字典型变量，它的值是一个字典字面量，初始化出了包含三对键值的字典实例。numberOfLegs 的字典存放值类型推断为 Dictionary<String, Int>。字典实例创建完成之后，通过下标脚本的方式将整型值 2 赋值到字典实例的索引为 bird 的位置中。

下标参数并没有太多的限制，可以用大多数数据类型作为其参数或返回值，唯一需要注意的是不能使用 in-out 类型的参数，也无法给参数设置默认值。

例如：

```
class Repeater {
    subscript (string:String, times:Int)→ String
    {
        var result = ""
        if times <= 0 {
            return ""
        }
        for _ in 1 ... times {
            result += string
        }
        return result
    }
}

var repeater = Repeater()
println( "a*3 is \(repeater["a",3])")
```

执行后结果为：

a*3 is aaa

上面的例子定义了一个叫 Repeater 的类，并为这个类定义了一个含有两个入参的下标脚本，两个参数分别为字符串类型和整形，这个下标脚本可以将传入的字符串 string 重复 times 次返回，并且当 times 数值小于 1 时返回空字符串，防止数据错误。

10.9　构造过程和构造器

在构造过程中，可以为某个类、结构体或枚举类型的实例进行必要的准备和初始化工作，构造过程通过构造器来实现，构造器可以看作是创建一个实特定类型例的特殊方法，可以保证新的实例在使用前各个成员已经被正确地初始化。

★提示　与 Objective-C 不同，在 Swift 中，构造器无须手动书写返回值，Swift 会自动返回实例。

10.9.1　无参数构造器

在创建某些特定类型实例时，可以简单地使用无参数构造器，它的形式类似于一个不带任何参数的实例方法，以 init 命名。例如，我们定义一个用来保存华氏温度的结构体 Fahrenheit，它拥有一个 Double 类型的存储型属性 temperature：

```
struct Fahrenheit {
    var temperature: Double
    init() {
        temperature = 32.0
    }
}
var f = Fahrenheit()
//这里会调用无参数构造器
println("The default temperature is \(f.temperature)° Fahrenheit")
// 输出 "The default temperature is 32.0° Fahrenheit"
```

★ **提 示** 当一个属性的初始值固定时，更推荐使用默认值将其初始化，这样会使构造器更简洁明了，同时，对属性进行默认值初始化会充分利用 Swift 的类型推导功能，减少代码出错概率。

10.9.2 构造参数

在将特定类型实例化的过程中，常常会根据不同的需求传入不同的初始值，这时，我们需要通过定义不同的构造器来进行多样化的定制。

下面将定义一个结构体 Celsius，该结构体拥有两个不同的构造器 init(fromFahrenheit:) 和 init(fromKelvin:)，这两个构造器可以使用不同的方法构造新实例：

```
struct Celsius {
    var temperatureInCelsius: Double = 0.0
    init(fromFahrenheit fahrenheit: Double) {
        temperatureInCelsius = (fahrenheit - 32.0) / 1.8
    }
    init(fromKelvin kelvin: Double) {
        temperatureInCelsius = kelvin - 273.15
    }
}
let boilingPointOfWater = Celsius(fromFahrenheit: 212.0)
// boilingPointOfWater.temperatureInCelsius 是 100.0
let freezingPointOfWater = Celsius(fromKelvin: 273.15)
// freezingPointOfWater.temperatureInCelsius 是 0.0"
```

10.9.3 构造器的外部参数名和内部参数名

与函数和方法的参数用法一样，构造参数也可以同时拥有一个内部使用的参数名和一个外部调用时使用的参数名，不同的是，由于在调用构造器时，主要通过构造器中的参数名和类型来确定需要调用的构造器，参数意义十分重要，所以在定义构造器时没有提供参数的外部名字，Swift 会为每个构造器的参数自动生成一个和内部名字相同的外部名字。

下面定义了一个结构体 Color 并提供了一个构造器 init(red: Double, green: Double, blue: Double)，分别初始化其中的三个常量，当我们调用该构造器时，编译器会要求必须使用外部参数名传值。

```
struct Color {
    let red = 0.0, green = 0.0, blue = 0.0
    init(red: Double, green: Double, blue: Double) {
```

```
        self.red   = red
        self.green = green
        self.blue  = blue
    }
}
let magenta = Color(red: 1.0, green: 0.0, blue: 1.0)
```

无法按照以下的方法创建 Color 的实例：

```
let veryGreen = Color(0.0, 1.0, 0.0)
//编译器报错
```

10.9.4　构造过程中常量属性的修改

可以在构造过程中修改任意常量属性的值。

在 Color 构造器 init(red: Double, green: Double, blue: Double)中可以反复修改常量 red 的值，但是构造结束之后，常量的值确定后就无法再被修改。

例如：

```
struct Color {
    let red = 0.0, green = 0.0, blue = 0.0
    init(red: Double, green: Double, blue: Double) {
        self.red   = red
        self.green = green
        self.blue  = blue

        self.blur = green
    }
}
let magenta = Color(red: 1.0, green: 0.0, blue: 1.0)
magenta.blue = 3.0
//编译器报错  无法修改常量属性 blue
```

10.9.5　默认构造器

在 Swift 中，任何自身没有定义构造器的结构体和基类都拥有一个默认的构造器，这个默认的构造器可以简单地创建一个将该类型所有属性都设置为默认值的实例。

下面将创建一个类 ShoppingListItem，这个类包含几个属性 name,quantity,isPurchased：

```
class ShoppingListItem {
    var name: String?
    var quantity = 1
    var isPurchased = false
}
var item = ShoppingListItem()
```

由于 ShoppingListItem 类中的所有属性都有默认值，且它是没有父类的基类，它将自动获得一个可以为所有属性设置默认值的默认构造器（由于 name 是可选字符串类型，它将默认设置为 nil）。上面例子中使用默认构造器创造了一个 ShoppingListItem 类的实例。

10.9.6　逐一成员构造器

除了上面提到的默认构造器外，Swift 对于结构体还提供了一个将结构体自身所有提供默认值的存储型属性逐一设置的逐一成员构造器。

逐一成员构造器可以很方便地用来初始化结构体实例里的成员属性，逐一成员构造器会根据属性名和参数名匹配来完成初始化赋值。

下面将定义一个结构体 Size，Size 包含两个属性 width 和 height，由于两个存储属性都有默认值，所以结构体 Size 可以使用逐一成员构造器 init(width:height:)。

```
struct Size {
    var width = 0.0, height = 0.0
}
let twoByTwo = Size(width: 2.0, height: 2.0)
```

10.9.7　构造代理

构造器可以通过调用其他构造器来完成实例的部分构造过程，这一过程称为构造代理，使用构造代理可以减少多个构造器间的代码重复。

下面将定义一个结构体 Rect，用来代表几何矩形。这个例子需要两个辅助的结构体 Size 和 Point，它们各自为其所有的属性提供了初始值 0.0。

```
struct Size {
    var width = 0.0, height = 0.0
}
struct Point {
    var x = 0.0, y = 0.0
}
```

可以通过以下三种方式为 Rect 创建实例。

（1）使用默认的 0 值来初始化 origin 和 size 属性；

（2）使用特定的 origin 和 size 实例来初始化；

（3）使用特定的 center 和 size 来初始化。

在下面的 Rect 结构体定义中，为这三种方式提供了三个自定义的构造器：

```
struct Rect {
    var origin = Point()
    var size = Size()
    init() {}
    init(origin: Point, size: Size) {
        self.origin = origin
        self.size = size
    }
    init(center: Point, size: Size) {
        let originX = center.x - (size.width / 2)
        let originY = center.y - (size.height / 2)
        self.init(origin: Point(x: originX, y: originY)，  size: size)
    }
}
```

第一个 Rect 构造器 init()。在功能上和没有自定义构造器时自动获得的默认构造器是一样的。这个构造器是一个空函数，使用一对大括号{}来描述，它没有执行任何定制的构造过程。调用这个构造器将返回一个 Rect 实例，它的 origin 和 size 属性都使用定义时的默认值 Point(x: 0.0，y: 0.0) 和 Size(width: 0.0，height: 0.0):

```
let basicRect = Rect()
// basicRect 的原点是 (0.0, 0.0)，尺寸是 (0.0, 0.0)
```

第二个 Rect 构造器 init(origin:size:)，在功能上和结构体在没有自定义构造器时获得的逐一成员构造器是一样的。这个构造器只是简单地将 origin 和 size 的参数值赋给对应的存储型属性:

```
let originRect = Rect(origin: Point(x: 2.0, y: 2.0),
    size: Size(width: 5.0, height: 5.0))
// originRect 的原点是 (2.0, 2.0)，尺寸是 (5.0, 5.0)
```

第三个 Rect 构造器 init(center:size:)稍微复杂一点。它先通过 center 和 size 的值计算出 origin 的坐标，然后再调用（或代理给）init(origin:size:)构造器将新的 origin 和 size 值赋值到对应的属性中:

```
let centerRect = Rect(center: Point(x: 4.0, y: 4.0),
    size: Size(width: 3.0, height: 3.0))
// centerRect 的原点是 (2.5, 2.5)，尺寸是 (3.0, 3.0)
```

构造器 init(center:size:)可以自己将 origin 和 size 的新值赋值到对应的属性中。尽量利用现有的构造器和它所提供的功能来实现 init(center:size:)的功能，是更方便、更清晰和更直观的方法。

10.10 析构过程

在一个类的实例被释放之前，析构函数被立即调用。可以用关键字 deinit 来标示析构函数，类似于初始化函数用 init 来标示。析构函数只适用于类类型。

在 Swift 中，利用自动引用计数模式（ARC），通常不需要自己管理不再需要的实例，这些实例会由 Swift 自动释放。除此之外，也常常使用自己的资源，这时需要针对这种情况进行额外的清理工作，例如，当创建一个自定义的类打开一个文件并写入一些数据时，可能需要在这个类的实例被释放前关闭这个文件。

每个类只能存在唯一的析构函数，析构函数不带任何参数，直接在关键词 deinit 后加大括号。

```
deinit {
    //析构资源代码
}
```

析构函数无须也不允许直接调用，它会在实例释放前被自动调用，如果是某一个类的子类，那么编译器将会先调用子类的析构函数，在子类的析构函数实现的最后自动调用父类的析构函数，如果在子类中，没有提供自己的析构函数，此时会调用父类的析构函数。当实例的析构函数被调用结束后，实例才会被释放，所以在析构函数中仍可以访问这个实例中的所有元素。

10.11 本章小结

方法和下标脚本是在实际开发中十分基础的知识点，在命名一个方法时，遵守相关的命名规范会让代码在阅读时更加轻松，特别是在封装对外部使用的方法时，一个好的名字会让其他人用更少的时间了解每一个参数的意义。

10.12 习题

1. 编写一个类 Car，该类包含：一个无参类方法 printClassName。用于打印该类描述信息；一个存储属性 speed。存储当前速度；一个无参方法 engineStart。用于将 speed 由零变为 10；一个方法 speedUpBy 修改属性 speed 的值；一个 engineStop，将 speed 归零。

2. 为上一题中的类 Car 添加一个下标脚本，用于调整属性 speed 的值，并且每次调用该脚本时打印当前的速度信息。

3. 为类 Car 添加一个常量属性 numberOfWheels，编写一个构造函数，通过参数将该属性 numberOfWheels 和属性 speed 初始化。

第 11 章 类的继承

类和结构体区别最大的地方在于类可以继承，利用继承特性，可以最大化地复用已有的功能和结构。基于类的继承特性，也可以在已有的类上添加更多功能，使代码同时具备普遍性（面对大部分情况的抽象类）和特殊性（针对于一种特殊情况的子类）。

 本章要点

➤ 继承的定义
➤ 如何继承一个类
➤ 访问超类的方法、属性、下标脚本
➤ 重写属性、方法和属性观察器

11.1 继承的定义

一个类可以继承（inherit）另一个类的方法（methods）、属性（property）等其他特性。当一个类继承其他类时，继承类叫子类（subclass），被继承类叫超类（或父类，superclass）。在 Swift 中，继承是区分类与其他类型的一个基本特征。在继承的同时，子类也可以重写（override）父类中已经定义的方法、属性、下标脚本以适应子类的需求。在重写时编译器会在超类中检查是否存在匹配的项目以保证重写行为的正确有效。

11.2 定义一个基类

基类是不能继承于其他类的类。与 Objective-C 不同，Swift 的类并不是从一个通用的基类中继承而来，所以在不定义这个类是一个超类的情况下，Swift 编译器会自动默认它是一个基类。

下面将定义一个描述交通工具的类 Vehicle，并默认为基类。这个类型定义了一个 currentSpeed 的存储属性用来存储当前的速度，我们还为其定义了一个只读的计算属性 description，用于返回该交通工具当前的状态描述，Vehicle 类还拥有一个 makeNoise 的方法，但是方法中没有任何内容，这个方法会在他的子类中被重写。

例如：

```
class Vehicle {
    var currentSpeed = 0.0
    var description: String {
        return "traveling at \(currentSpeed) miles per hour"
    }
    func makeNoise() {
        // nothing
    }
}
```

声明一个 baseVehicle 的常量并赋值为 Vehicle 的实例：

```
let baseVehicle = Vehicle()
```

打印 baseVehicle 的描述：

```
println(baseVehicle.description)
```

结果输出为：

```
traveling at 0.0 miles per hour
```

11.3   继承一个类

可以在一个类的基础上创建一个新的类，这个新的类成为子类，子类可以继承超类的特性并可以在超类的基础上优化或改变以及添加新的特性。

在 Swift 中继承一个类的语法格式为：

```
class SubClassName : SuperClassName {
    //类的定义
}
```

这里 SubClassName 是子类的名称，SuperClassName 的名称是为了指明某个类的超类，将超类名写在子类名的后面，用冒号分隔。

下面将定义一个描述自行车的类 Bicycle，Bicycle 类继承自 Vehicle 类。可以写为：

```
class Bicycle: Vehicle {
    var hasBasket = false
}
```

新的 Bicycle 继承了 Vehicle 的所有属性和方法等，如存储属性 currentSpeed、计算属性 description 和方法 makeNoise。除此之外，还为 Bicycle 定义了一个新的存储属性 hasBasket，并将其默认值设置为 false，这个属性将用于描述这台自行车是否带有一个篮子。

可以生成一个 Bicycle 的实例并修改其中的属性并打印它所继承自父类的计算属性 description：

```
let bicycle = Bicycle()
bicycle.hasBasket = true
bicycle.currentSpeed = 15.0
println("Bicycle: \(bicycle.description)")
```

打印结果为：

```
Bicycle: traveling at 15.0 miles per hour
```

子类依然可以被其他类继承，下面创建一个新的类 Tandem，用于描述多人自行车，Tandem 继承自 Bicycle：

```
class Tandem: Bicycle {
    var maxNumberOfPassengers = 0
}
```

Tandem 拥有 Bicycle 类的所有特性，Bicycle 又继承自 Vehicle，所以 Tandem 也同样拥有 Vehicle 的所有特性。除此之外，Tandem 还定义了一个新的存储属性 maxNumberOfPassengers：

```
let tandem = Tandem()
tandem.hasBasket = true
tandem.maxNumberOfPassengers = 2
tandem.currentSpeed = 22.0
println("Tandem: \(tandem.description)")
```

结果输出为：

```
Tandem: traveling at 22.0 miles per hour
```

11.4　重写

重写是指在子类中改写继承来的实例方法、类方法、实例属性、下标脚本的实现的行为。重写某个特性时，需要在重写定义的前面加上关键词 override，表明这是一个重写行为，而并非重复定义了一个名称相同的特性。当编译器检查到有 override 关键词时，就会去检查这个类的超类，检查是否有一个特性是可供重写的，从而保证重写是有效的。

11.4.1　访问超类的方法、属性、下标脚本

在重写超类的方法、属性、下标脚本时，往往会复用超类中已经实现的内容，如将父类的结果再次加工，或者通过继承变量来计算当前变量的值。访问超类版本的方法、属性或下标脚本时，可以通过关键词 super,super，可以将其看作是一个父类的实例：

（1）在方法 someMethod 的重写实现中，可以通过 super.someMethod()来调用超类版本的 someMethod 方法。

（2）在属性 someProperty 的 getter 或 setter 的重写实现中，可以通过 super.someProperty 来访问超类版本的 someProperty 属性。

（3）在下标脚本的重写实现中，可以通过 super[someIndex]来访问超类版本中的相同下标脚本。

11.4.2　重写方法

在子类中可以重写继承来的实例方法和类方法，定义一个新的方法来替代父类的实现。

下面的例子定义了 Vehicle 的一个新的子类 Car 并重写了从 Vehicle 类继承来的 makeNoise 方法：

```
class Car: Vehicle {
    override func makeNoise() {
        println("Honk Honk")
    }
}
```

当生成一个 Car 类的实例并调用 makeNoise 方法时，可以发现在 Car 中刚刚重写的方法已经被调用了。

```
let car = Car()
car.makeNoise()
```

结果输出为:

Honk Honk

11.4.3 重写属性

对于继承来的实例属性和类属性,我们同样可以通过定制 getter 或 setter 来重写它们,无论是存储型属性还是计算型属性,只需要在属性前添加关键词 override 并完善对应方法即可将其重载。

例如:

```
class Car: Vehicle {
    var engine = "V8"
    override var description: String {
        return super.description + "with \(engine) engine"
    }
}


let car = Car()
car.currentSpeed = 105.0
println("Car: \(car.description)")
```

结果输出为:

Car: traveling at 25.0 miles per hour with V8 engine

上例中新建了一个 Vehicle 的子类 Car,Car 拥有一个新的存储属性 engine,默认为 V8,在 Car 类中,我们将继承 Vehicle 的属性 description,将 engine 的描述也引入其中,在重写的 description 属性中,先调用父类 Vehicle 的 description 属性,然后将对 engine 的描述载入在后面一起返回,就可以看到 Car 类的实例在调用 description 时,使用了重写后的 description,包含了对引擎型号的描述。

★提示 *(1) 可以将只读属性重写为一个读写属性,只需要在重写时为其提供一个 setter 方法即可,但是不可以将继承来的读写属性重写为一个只读属性。(2) 如果在重写的属性中提供了 setter,那么也要提供 getter,即使觉得无须重写 getter,也需要在重写版本中调用父类的结果来作为返回。*

11.4.4 重写属性观察器

在属性重写中可以为一个继承来的属性添加属性观察器。无论那个属性原本是如何实现的,当继承来的属性值发生改变时,就会被通知到。

下面将定义一个新类 AutomaticCar,该类继承自 Car,AutomaticCar 类包含一个存储属性 gear,默认值为整型 0,在子类中为父类中的 currentSpeed 添加一个属性观察器,当属性发生改变后,会根据当前的数值更新 gear 的数值:

```
class AutomaticCar: Car {
    var   gear:(Int) = 0
    override var currentSpeed: Double {
        didSet {
            gear = Int(currentSpeed / 10.0) + 1
```

```
        }
    }
}

let automatic = AutomaticCar()
automatic.currentSpeed = 45.0
println("AutomaticCar GearAt: \(gear)")
```

输出结果为：

AutomaticCar GearAt: 5

★ 提 示　继承来的常量存储型属性和只读计算型属性因为不可以被设置，无法为其添加属性观察器，所以 willSet 和 didSet 不能在这里使用。另外，重写的属性观察器和重写的 setter 因为功能叠加，也不可以同时使用（当使用了 setter 时，属性的改变直接可以在 setter 中被捕获，无须属性观察器）。

11.4.5　重写保护和继承保护

在不希望类中的某些方法、属性或下标脚本被子类重写时，可以将它们设置为重写保护，语法为在声明关键词前加 final，如 final var、final func、final class func、final subscript..，当子类要重写这些方法时，编译器会报错。

在扩展中，添加到类里的方法、属性或下标脚本也可以在扩展的定义里标记为 final。

例如，AutomaticCar 中的存储属性 gear：

```
class AutomaticCar: Car {
    final var gear:(Int) = 0
    override var currentSpeed: Double {
        didSet {
            gear = Int(currentSpeed / 10.0) + 1
        }
    }
}
```

对于类来说，可以在关键词 class 前加 final 来防止这个类被其他类继承。例如：

```
final class AutomaticCar: Car {
    final var gear:(Int) = 0
    override var currentSpeed: Double {
        didSet {
            gear = Int(currentSpeed / 10.0) + 1
        }
    }
}

class FantasyCar: AutomaticCar {
    //编译器报错
}
```

11.4.6　构造器的继承

构造器可以按照调用关系分为指定构造器和便利构造器。指定构造器必须调用其直接父类的指定构造器。便利构造器必须调用同一类中定义的其他构造器，并最终以调用一个指定构造器结束。

便利构造器需要在 init 关键字之前放置 convenience 关键字，并使用空格将它俩分开：

例如：

```
class Food {
    var name: String
    init(name: String) {
        self.name = name
    }
    convenience init() {
        self.init(name: "[Unnamed]")
    }
}
```

Swift 中的构造器继承条件比较复杂，与 Objective-C 不同，在 Swift 中，子类不会默认继承父类的构造器，除非满足以下两个条件：

（1）如果子类没有定义任何指定构造器，那么它将自动继承父类中的构造器。

（2）如果子类继承了父类中的一个构造器，那么所有指向该构造器的便利构造器也会被继承。

下面将定义一个父类 Father 并指定了一个遍历构造器，然后定义另外一个类 Son 继承自 Father。

```
class Father{
    init(){
        println("father init")
    }
    convenience init(name:String){
        self.init();
        println("father convenience init")
    }
}

class Son:Father{
    override init(){ //子类实现了父类的全部指定构造器，  因而会自动继承父类的遍历构造器
        println("son init")
    }
}

var son1 = Son()
println("------")
var son2 = Son(name: "Jay")
```

结果输出为：

```
son init
father init
------
son init
father init
father convenience init
```

在上例中，在 Son 类中实现了它的父类中所有的构造器，所以 Son 自动继承了父类中的所有构造器和遍历构造器。

★ 提 示 由于 Swift 构造器继承的特殊规则，在实际使用中要十分注意子类和父类间的构造器继承，防止因为父类中的属性不能被有效初始化而造成错误。

11.5 本章小结

类的继承是所有面向对象语言的难点，不同的语言对类的继承机制的理解也不尽相同，Swift 也在传统的面向对象语言之上做了诸多变化，希望大家能对此处多加理解，基于实例举一反三，为后面的内容做好知识储备。

11.6 习题

尝试构造三个层级的类从属体系，并在各个层级重写不同的属性、方法并打印它们的构造顺序。

第 12 章　自动引用计数(ARC)

与 Objective-C 一样，Swift 也使用自动引用计数（ARC，Automatic Reference Counting）机制来进行内存管理，通常情况下，ARC 会贯穿整个程序生命周期，我们无须手动做内存的创建和释放工作，当某个类的实例不再被使用时，ARC 会将该实例占用的内存自动释放掉。了解 ARC 的运行机制可以更轻松地处理程序内存泄漏问题。

 本章要点

➢ 自动引用计数的工作机制
➢ 循环强引用
➢ 弱引用和无主引用
➢ 闭包引起的循环强引用

12.1　自动引用计数的工作机制

在每次创建一个类的新的实例的时候，ARC 会分配一大块内存用来储存实例的信息。内存中会包含实例的类型信息，以及这个实例所有相关属性的值。此外，当实例不再被使用时，ARC 释放实例所占用的内存，并让释放的内存能挪作他用。这确保了不再被使用的实例不会一直占用内存空间。然而，当 ARC 收回和释放了正在被使用中的实例时，该实例的属性和方法将不能再被访问和调用。在实际情况中，试图访问这个实例可能会造成程序崩溃。

为了确保使用中的实例不会被销毁，ARC 会跟踪和计算每一个实例正在被多少属性、常量和变量引用。哪怕实例的引用数为 1，ARC 都不会销毁这个实例。

为了使之成为可能，无论将实例赋值给属性、常量还是变量，都会对此实例创建强引用。之所以称之为强引用，是因为它会将实例牢牢地保持住，只要强引用还在，实例就不允许被销毁。

下面将创建一个简单的 Person 类，这个类包含一个常量存储属性 name，分别在这个类的构造器和析构器中加入打印信息，方便追踪实例的创建和释放情况：

```
class Person {
    let name: String
    init(name: String) {
        self.name = name
        println("\(name) is being initialized")
    }
    deinit {
        println("\(name) is being deinitialized")
    }
}
```

接下来的代码片段定义了三个类型为 Person?的变量，用来按照代码片段中的顺序，为新的 Person 实例建立多个引用。由于这些变量是被定义为可选类型（Person?，而不是 Person），它们的值会被自动初始化为 nil，目前还不会引用到 Person 类的实例。

```
var reference1: Person?
var reference2: Person?
var reference3: Person?
```

现在可以创建 Person 类的新实例，并且将它赋值给三个变量中的一个：

```
reference1 = Person(name: "John Appleseed")
// prints "John Appleseed is being initialized"
```

应当注意到，当调用 Person 类的构造函数时，"John Appleseed is being initialized"会被打印出来。由此可以确定构造函数被执行。

由于 Person 类的新实例被赋值给了 reference1 变量，所以 reference1 到 Person 类的新实例之间建立了一个强引用。正是因为这个强引用，ARC 会保证 Person 实例被保持在内存中不被销毁。

如果将同样的 Person 实例也赋值给其他两个变量，该实例又会多出两个强引用：

```
reference2 = reference1
reference3 = reference1
```

现在这个 Person 实例已经有三个强引用了。如果通过给两个变量赋值 nil 的方式断开两个强引用（包括最先的那个强引用），只留下一个强引用，Person 实例则不会被销毁：

```
reference1 = nil
reference2 = nil
ARC
```

其会在第三个也即最后一个强引用被断开的时候，销毁 Person 实例，这也意味着不再使用这个 Person 实例：

```
reference3 = nil
// prints "John Appleseed is being deinitialized"
```

12.2 循环强引用

虽然 ARC 会根据类实例的引用数量来确定自动销毁实例的时机，但是这种机制仍不能适用于所有的情况，我们可能会写出某种引用关系，如两个类实例互相保持对方的强引用，并不让对方销毁，这就是循环强引用。当循环强引用出现时，就如同一个莫比乌斯环，这个类永远不会被释放，类似于编程语言中的死锁。

为了避免这种情况发生，可以定义类之间的关系为弱引用或无助引用来替代之前的强引用方式，下例中定义了两个类：Person 和 Apartment，用来描述人和公寓：

```
class Person {
    let name: String
    init(name: String) { self.name = name }
    var apartment: Apartment?
    deinit { println("\(name) is being deinitialized") }
}
class Apartment {
```

```
let number: Int
init(number: Int) { self.number = number }
var tenant: Person?
deinit { println("Apartment #\(number) is being deinitialized") }
}
```

在类 Person 中，定义了一个 String 类型的属性 name 并且有一个可选属性 apartment；在类 Apartment 中，定义了一个 Int 类型的属性 number，一个可选属性 tenant，类型为 Person。

我们为这两个类都定义了析构函数，所以当类的实例被析构时，可以通过终端打印的数据了解到销毁的具体时间。

接下来分别定义可选变量 john 和 number73 初始化为 nil：

```
var john: Person?
var number73: Apartment?
```

分别为 john 和 number73 赋值为对应的类实例：

```
john = Person(name: "John Appleseed")
number73 = Apartment(number: 73)
```

此时变量 john 有一个指向 Person 实例的强引用，而变量 number73 有一个指向 Apartment 实例的强引用。

我们再将 john 中的可选变量 apartment 赋值为 number73,number73 的可选变量 tenant 赋值为 john，因为它们是可选变量，所以在复制时必须要使用感叹号（!）才能正确完成赋值。

```
john!.apartment = number73
number73!.tenant = john
```

如当赋值完成后，可以确定此时 john 和 number73 的关系就是循环强引用，如图 12-1 所示。

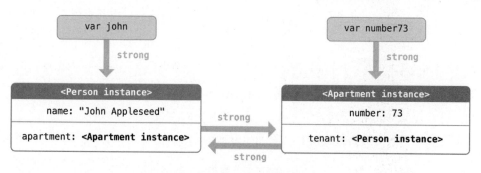

图 12-1　两个实例间的引用关系

当试着将这两个变量设为 nil 时：

```
john = nil
number73 = nil
```

此时我们并没有看到任何析构函数被调用，证明当循环强引用出现时，并不能通过简单地设定 nil 来销毁，此时的引用关系如图 12-2 所示。

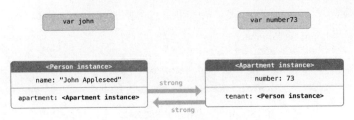

图 12-2　变量置空后实例间的引用关系

在不改变实现方式的前提下，如果要解决这种状态，可以手动先解除循环状态，然后再将实例赋值为空。例如：

```
john!.apartment = nil
number73!.tenant = nil
john = nil
number73 = nil
```

此时结果输出为：

```
John Appleseed is being deinitialized"
Apartment #73 is being deinitialized
```

12.3　弱引用和无主引用

Swift 提供了两种办法来解决循环强引用：弱引用（weak reference）和无主引用（unowned reference）。弱引用和无主引用允许引用环中的一个实例引用另外一个实例，但不是强引用。因此实例可以互相引用但是不会产生强引用环。

12.3.1　弱引用

弱引用不会牢牢保持住引用的实例，并且不会阻止 ARC 销毁被引用的实例。这种行为阻止了引用变为循环强引用。声明属性或者变量时，在前面加上 weak 关键字表明这是一个弱引用。

★提示　弱引用必须声明为变量，同时因为弱引用可以没有值，所以每一个弱引用声明也必须为可选类型。

因为弱引用不会保持所引用的实例，所以弱引用即使存在，它对应的实例仍可以被销毁，和其他可选值一样，我们可以在使用之前检查弱引用的值是否存在。

利用弱引用，我们重写上面的例子，将 Apartment 的 tenant 属性声明为弱引用：

```
class Person {
    let name: String
    init(name: String) { self.name = name }
    var apartment: Apartment?
    deinit { println("\(name) is being deinitialized") }
}
class Apartment {
    let number: Int
    init(number: Int) { self.number = number }
    weak var tenant: Person?
    deinit { println("Apartment #\(number) is being deinitialized") }
}
```

之后按照之前一样，创建两个实例并互相关联：

```
var john: Person?
var number73: Apartment?

john = Person(name: "John Appleseed")
number73 = Apartment(number: 73)

john!.apartment = number73
number73!.tenant = john
```

此时 Person 实例虽然依旧保持对 Apartment 的强引用，但是 Apartment 实例对 Person 实例已经变为弱引用，这意味着当去掉 john 对这个实例保持的强引用时，Person 实例便没有其他强引用存在，从而被自动销毁。

```
john = nil
```

此时输出：

```
prints "John Appleseed is being deinitialized"
```

而当继续将 number73 与实例的引用断开后，这个实例也再没有任何强引用存在，此时 Apartment 的实例也会被自动销毁。

```
number73 = nil
```

此时结果输出为：

```
prints "Apartment #73 is being deinitialized"
```

这样便通过弱引用的方式，避免了出现循环强引用的情况。

> ★ **提 示** 对于避免循环强引用出现，并不需要将两个类中的属性都定义为弱引用，当其中一方的属性为弱引用时，循环体就会被打破，用户可以试着分析下同时定义两个弱引用的情况。

12.3.2 无主引用

类似于弱引用，无主引用也不会牢牢地保持住对实例的引用，与弱引用不同的是，无主引用必须保证是有值的，因此无主引用不可以是可选类型，可以在声明属性或者变量时，在前面加上关键字 unowned 表示这是一个无主引用。

由于无主引用是非可选类型，不需要在使用的时候将它展开。无主引用总是可以被直接访问。不过 ARC 无法在实例被销毁后将无主引用设为 nil，因为非可选类型的变量不允许被赋值为 nil。

> ★ **提 示** 如果试图在实例被销毁后，访问该实例的无主引用，会触发运行时错误。使用无主引用时必须确保引用始终指向一个未销毁的实例。如果试图访问实例已经被销毁的无主引用，程序会直接崩溃，而不会发生无法预期的行为。应当避免这样的事情发生。

下面的例子定义了两个类：Customer 和 CreditCard，模拟了银行客户和客户的信用卡。在这两个类中，每一个都将另外一个类的实例作为自身的属性。这种关系会潜在地创造循环强引用。为此，将利用无主引用来避免这种情况发生。

```
class Customer {
    let name: String
    var card: CreditCard?
    init(name: String) {
        self.name = name
    }
    deinit { println("\(name) is being deinitialized") }
}
class CreditCard {
    let number: Int
    unowned let customer: Customer
    init(number: Int, customer: Customer) {
        self.number = number
        self.customer = customer
    }
    deinit { println("Card #\(number) is being deinitialized") }
}
```

在上例中，在 CreditCard 类中定义了一个 Customer 类型的属性 customer，并将其声明为无主引用。下面的代码片段定义了一个叫 jack 的可选类型 Customer 变量，用来保存某个特定客户的引用。由于是可选类型，所以变量被初始化为 nil。

```
var jack: Customer?
```

现在可以创建 Customer 类的实例，用它初始化 CreditCard 实例，并将新创建的 CreditCard 实例赋值为客户的 card 属性。

```
jack = Customer(name: "Jack Appleseed")
jack!.card = CreditCard(number: 1234_5678_9012_3456, customer: jack!)
```

此时，当断开 jack 和 Customer 实例的引用时，该实例便会被销毁，随之也没有指向 CreditCard 实例的强引用，进而 CreditCard 实例也会被销毁。

```
jack = nil
```

结果输出为：

```
Jack Appleseed is being deinitialized
Card #1234567890123456 is being deinitialized
```

12.3.3 弱引用和无主引用的适用范围

上面的例子包含了两种常见的避免出现循环强引用的解决方案。Person 和 Apartment 的例子展示了两个属性的值都允许为 nil，并会潜在地产生循环强引用。这种场景最适合用弱引用来解决。Customer 和 CreditCard 的例子展示了一个属性的值允许为 nil，而另一个属性的值不允许为 nil，并会潜在地产生循环强引用。这种场景最适合通过无主引用来解决。

12.4 闭包引起的循环强引用

在使用闭包赋值操作时，如果将这个闭包赋值给实例的某个属性的同时又在闭包中使用了实例，此时也会出现循环强引用。如 self.someProperty，或者闭包中调用了实例的某个方法，如 self.someMethod。这两种情况都导致了闭包"捕获"self，从而产生了循环强引用。

循环强引用的产生，是因为闭包和类相似，都是引用类型。当把一个闭包赋值给某个属性时，也把一个引用赋值给了这个闭包。实质上，这跟之前的问题是一样的，两个强引用让彼此一直有效。但是和两个类实例不同，这次一个是类实例，另一个是闭包。

下面的例子就是当一个闭包引用了 self 后产生一个循环强引用。下例中定义了一个 HTMLElement 的类，并用一种简单的模型表示 HTML 中的一个单独的元素：

```
class HTMLElement {

    let name: String
    let text: String?

    lazy var asHTML: () → String = {
        if let text = self.text {
            return "<\(self.name)>\(text)</\(self.name)>"
        } else {
            return "<\(self.name) />"
        }
    }

    init(name: String, text: String? = nil) {
        self.name = name
        self.text = text
    }

    deinit {
        println("\(name) is being deinitialized")
    }

}
var paragraph: HTMLElement? = HTMLElement(name: "p", text: "hello, world")
println(paragraph!.asHTML())
paragraph = nil
```

从上可以看到，在 HTMLElement 的实例中，asHTML 属性对其所赋值的闭包持有强引用，而在闭包体内又多次使用了 self.text 和 self.name 来持有对 HTMLElement 实例的强引用，此时闭包和实例间形成了循环强引用。

12.4.1　解决由闭包引起的循环强引用

与类实例间的互相引用类似，可以在闭包中声明每一个捕获的引用不是强引用，而是作为弱引用或无主引用。

捕获列表中的每个元素都是由 weak 或者 unowned 关键字和实例的引用（如 self 或 someInstance）成对组成。每一对都在方括号中，通过逗号分开。

捕获列表放置在闭包参数列表和返回类型之前：

```
lazy var someClosure: (Int, String) → String = {
    [unowned self] (index: Int, stringToProcess: String) → String in
```

```
    // closure body goes here
}
```

如果闭包没有指定参数列表或者返回类型，则可以通过上下文推断，可以将捕获列表放在闭包开始的地方，接着是关键字 in：

```
class HTMLElement {

    let name: String
    let text: String?

    lazy var asHTML: ()→ String = {
        [unowned self] in
        if let text = self.text {
            return "<\(self.name)>\(text)</\(self.name)>"
        } else {
            return "<\(self.name) />"
        }
    }

    init(name: String,    text: String? = nil) {
        self.name = name
        self.text = text
    }

    deinit {
        println("\(name) is being deinitialized")
    }

}
var paragraph: HTMLElement? = HTMLElement(name: "p",    text: "hello，  world")
println(paragraph!.asHTML())
paragraph = nil
```

此时结果输出为：

```
p is being deinitialized
```

12.5　本章小结

ARC 的本质在于将开发者从手动管理内存的牢笼中解放出来，将更多的精力用于编写逻辑，但 ARC 并不能完美解决诸如强引用循环这种特殊情况，本章要点在于如何发现强引用循环和解决强引用循环，希望读者多加注意。

12.6　习题

请声明两个类分别描述老师和学生，避免将他们设计为强引用循环。

第 13 章　可选链

在前面的章节中，我们要小心翼翼地访问属性或者变量，因为当访问的内容为 nil 时，程序便会因此中断，这让我们在编写代码时不得不反复确认被访问的对象是否存在。在 Swift 中，存在一种更简便的解决方式——可选链，该特性不仅会大大简化编写的代码量，也会让程序逻辑更加清晰。

学习要点

➢ 通过可选链调用属性
➢ 通过可选链调用方法
➢ 通过可选链调用下标脚本

13.1　为什么要用可选链

在属性为可选类型时，如果这个属性为 nil，那么访问这个属性中的任何成员（属性、方法等）都会抛出异常。为了防止这种情况，引入了可选链（optional Chaining），可选链由多个请求或调用链接而成，当其中任何一个节点为空（nil）时，整条可选链失效。

首先定义两个类：Person 和 Residence。

```
class Person {
    var residence: Residence?
}

class Residence {
    var numberOfRooms = 1
}

let john = Person()

let roomCount = john.residence!.numberOfRooms
//抛出异常
```

Residence 具有一个 Int 类型的存储属性，默认值为 1。Person 具有一个可选属性 residence，类型为 Residence。当创建一个 Person 类的实例时，由于 residence 属性为可选类型，所以此时 residence 为空，当使用感叹号（!）试着强制解析这个实例的 residence 属性中的 numberOfRooms 属性时，程序会抛出异常，因为 residence 为空，无法解析。

解决这种情况有很多种办法，如在访问 numberOfRooms 之前为 residence 属性手动赋值一个实例：

```
john.residence = Residence()
```

添加这段代码之后，jhon.residence 不为空（nil），并且会将 roomCount 进行初始化，赋值为 1，此时编译器不会抛出异常。

13.2　通过可选链调用属性

在实际过程中，很难保证每一个访问的对象始终不为空，不得不面对运行时的异常，此时可选链的作用就凸显出来了，当使用可选链时，使用问号（?）代替原先感叹号（!）的位置。例如：

```
if let roomCount = john.residence?.numberOfRooms {
    println("John's residence has \(roomCount) room(s).")
} else {
    println("Unable to retrieve the number of rooms.")
}
// 打印 "Unable to retrieve the number of rooms".
```

可以看出使用可选链后，即使 residence 属性值为 nil，程序也不会因此抛出异常，而是执行对应逻辑下的错误信息输出。

13.3　通过可选链调用方法

可选链也可以用于调用方法并检查是否调用成功，即使被调用的方法没有返回值，依然可以通过可选链来完成。

下面将 13.2 小节中的类 Residence 稍加改造：

```
class Residence {
        var numberOfRooms = 1
    func printNumberOfRooms () {
    println("The number of rooms is \(numberOfRooms)")
    }
}
```

其中添加了一个方法 printNumberOfRooms，该方法输出 Residence 实例中包含 numberOfRooms 信息的字符串。这个方法没有返回值。但是，没有返回值类型的函数和方法有一个隐式的返回值类型 Void（参见 Function Without Return Values）。

如果利用可选链调用此方法，这个方法的返回值类型将是 Void?，而不是 Void，因为当通过可选链调用方法时返回值总是可选类型（optional type）。即使这个方法本身没有定义返回值，也可以使用 if 语句来检查是否能成功调用 printNumberOfRooms 方法，如果方法通过可选链调用成功，printNumberOfRooms 的隐式返回值将会是 Void，如果没有成功，将返回 nil：

```
if (john.residence?.printNumberOfRooms() != nil) {
    println("It was possible to print the number of rooms.")
} else {
    println("It was not possible to print the number of rooms.")
}
// 打印 "It was not possible to print the number of rooms."。
```

13.4　使用可选链调用下标脚本

可以使用可选链从下标脚本获取值并检查下标脚本的调用是否成功，但是不能通过可选链来设置下标脚本。

当你使用可选链来获取下标脚本的时候，应该将问号放在下标脚本括号的前面而不是后面。可选链的问号一般直接跟在表达语句的后面。

下面为13.3小节中的例子增加一个类Room，并修改类Residence使其增加下标功能：

```
class Residence {
    var rooms = [Room]()
    var numberOfRooms: Int {
    return rooms.count
    }
    subscript(i: Int) -> Room {
        return rooms[i]
    }
    func printNumberOfRooms() {
        println("The number of rooms is \(numberOfRooms)")
    }
}
class Room {
    let name: String
    init(name: String) { self.name = name }
}
```

下面这个例子用在Residence类中定义的下标脚本来获取john.residence数组中第一个房间的名字。因为john.residence现在是nil，下标脚本的调用失败了。

```
if let firstRoomName = john.residence?[0].name {
    println("The first room name is \(firstRoomName).")
} else {
    println("Unable to retrieve the first room name.")
}
// 打印 "Unable to retrieve the first room name."。
```

如果想让上述代码有正确输出，便需要初始化rooms属性并赋值：

```
let johnsHouse = Residence();
johnsHouse.rooms.append(Room(name: "Bed Room"))
johnsHouse.rooms.append(Room(name: "Living Room"))
johnsHouse.rooms.append(Room(name: "Kitchen"))
john.residence = johnsHouse
if let firstRoomName = john.residence?[0].name {
    println("The first room name is \(firstRoomName).")
} else {
    println("Unable to retrieve the first room name.")
}
//The first room name is Bed Room
```

13.5 连接多层链接

可选链可以连续多层使用，继续改写上面的代码并增加类Address：

```
class Residence {
    var rooms = [Room]()
    var numberOfRooms: Int {
    return rooms.count
    }
    subscript(i: Int) → Room {
        return rooms[i]
    }
    func printNumberOfRooms() {
        println("The number of rooms is \(numberOfRooms)")
    }
    var address: Address?
}

class Address {
    var buildingName: String?
    var buildingNumber: String?
    var street: String?
    func buildingIdentifier()→ String? {
        if (buildingName != nil) {
            return buildingName
        } else if (buildingNumber != nil) {
            return buildingNumber
        } else {
            return nil
        }
    }
}
```

这样便可以尝试获取实例 john 的 residence 属性中的 address 属性的 street 属性，因为 residence 和 address 属性都是可选类型，我们可以通过两层可选链来连接：

```
if let johnsStreet = john.residence?.address?.street {
    println("John's street name is \(johnsStreet).")
} else {
    println("Unable to retrieve the address.")
}
// 打印 "Unable to retrieve the address."。
```

此时如果想正确获取 street 的值，需要为 residence 和 address 的属性赋值：

```
let johnsAddress = Address()
johnsAddress.buildingName = "The Larches"
johnsAddress.street = "Laurel Street"
john.residence!.address = johnsAddress
if let johnsStreet = john.residence?.address?.street {
    println("John's street name is \(johnsStreet).")
} else {
    println("Unable to retrieve the address.")
}
// 打印 "John's street name is Laurel Street."。
```

13.6　链接可选返回值的方法

可选链也同样适用于调用一个有返回值的方法，可以将问号（?）加在方法的后面，这样返回值就变成可选的了。

```
if let buildingIdentifier = john.residence?.address?.buildingIdentifier() {
    println("John's building identifier is \(buildingIdentifier).")
}
// 打印  "John's building identifier is The Larches."。
```

如果还想进一步对方法返回值执行可选链，将可选链问号符放在方法括号的后面：

```
if let upper = john.residence?.address?.buildingIdentifier()?.uppercaseString {
    println("John's uppercase building identifier is \(upper).")
}
// 打印  "John's uppercase building identifier is THE LARCHES."。
```

★【提示】　在上面的例子中，将可选链问号符放在括号后面是因为想要链接的可选值是 buildingIdentifier 方法的返回值，不是 buildingIdentifier 方法本身。

13.7　本章小结

因为 Swift 暂时没有异常捕捉机制，所以不得不面对大量的程序中断，通过学习可选链可以使我们尽量避开因为值不存在而造成的错误，使代码变得更加 "健壮"。

13.8　习题

已知已有的类结构：

```
class Sword {
    func blade() {
        //do something
    }
}

class Knight {
    var sword: Sword?
}

class Kingdom {
    var knight: Knight?
}
```

请简化下面代码：

```
var sword = Sword(name: "The Sword in the Stone")
var knight = Knight()
knight.sword = sword
```

```
var kingdom = Kingdom()
kingdom.knight = knight

if let knight = kingdom.knight
{
    if let sword = knight.sword
    {
        if (!sword.name.isEmpty)
        {
            println("The sword named \(sword.name)")
        }
    }
}
```

第 14 章　类型转换

类型转换主要用于判断实例的类型，也可以将实例强制转换为子类的对象。在 Swift 中，使用 is 和 as 来实现类型转换操作，is 用于表达检查值的类型，as 用于替换类型，同样可以使用类型转换来检查一个类是否实现了某个协议。

 学习要点

➢ 类型检测
➢ 向下转换
➢ Any 和 AnyObject 的类型转换

14.1　类型转换的定义

类型转换常用于检查某个实例是否属于某个类型和将父类的实例转换为子类的实例。

为了更直观地介绍这些方法，我们先定义三个类作为例子：

（1）基类 MediaItem：

```
class MediaItem {
    var name: String
    init(name: String) {
        self.name = name
    }
}
```

基类提供基础功能，声明了一个 String 类型的属性 name 和一个初始化器用于对 name 进行初始化。

（2）子类 Movie 和 Song：

```
class Movie: MediaItem {
    var director: String
    init(name: String, director: String) {
        self.director = director
        super.init(name: name)
    }
}

class Song: MediaItem {
    var artist: String
    init(name: String, artist: String) {
        self.artist = artist
        super.init(name: name)
    }
}
```

基于 MediaItem 分别定义两个子类 Movie 和 Song，为 Movie 类增加一个 director 属性，并定义对应的初始化器，为 Song 类增加一个 artist 属性以及对应的初始化器。

（3）数组变量 library：

```
var library = [
    Movie(name: "Casablanca", director: "Michael Curtiz"),
    Song(name: "Blue Suede Shoes", artist: "Elvis Presley"),
    Movie(name: "Citizen Kane", director: "Orson Welles"),
    Song(name: "The One And Only", artist: "Chesney Hawkes"),
    Song(name: "Never Gonna Give You Up", artist: "Rick Astley")
]
```

library 用于包含多个 Movie 和 Song 的实例，由于 Movie 和 Song 都是 MediaItem 的基类，所以 Swift 编译器会自动将 library 推断为 MediaItemp[]类型。

14.2 类型检测

类型检测操作符（is）可以用来检测一个实例是否属于某一个特定的类型，当实例和类型相符时，返回 true，否则返回 false。

下例中将枚举 library 中的所有元素，对每一个元素判断元素的类型并计数。

```
var movieCount = 0
var songCount = 0

for item in library {
    if item is Movie {
        ++movieCount
    } else if item is Song {
        ++songCount
    }
}

println("Media library contains \(movieCount) movies and \(songCount) songs")
// prints "Media library contains 2 movies and 3 songs"
```

14.3 向下转换

当一个类型的变量或常量对应的是另一个类的子类时，可以使用操作符 as 将这个实例转换为子类型。因为向下转换可能会失败，所以类型转换操作符 as 可以使用可选的向下转换形式 as?，在可选形式下当转换失败时，程序不会抛出异常而是会返回 nil。

在下例中将遍历了 library 中的每一个 MediaItem 类型的元素，并打印对应类型的描述，但是 item 输出描述时，需要将它解析为对应的子类 Movie 或 Song，所以在循环体中使用了可选形式的类型转换（as?）来尝试对元素进行向下转换：

```
for item in library {
    if let movie = item as? Movie {
        println("Movie: '\(movie.name)', dir. \(movie.director)")
```

```
} else if let song = item as? Song {
    println("Song: '\(song.name)', by \(song.artist)")
}
}

// Movie: 'Casablanca', dir. Michael Curtiz
// Song: 'Blue Suede Shoes', by Elvis Presley
// Movie: 'Citizen Kane', dir. Orson Welles
// Song: 'The One And Only', by Chesney Hawkes
// Song: 'Never Gonna Give You Up', by Rick Astley
```

其中使用了可选绑定的写法，例如：

```
if let movie = item as? Movie
```

这行代码可以解读为：

"尝试将 item 转为 Movie 类型。若成功，设置一个新的临时常量 movie 来存储返回的可选 Movie。"当转型成功时，便使用临时常量 movie 来输出实例的相关描述。

14.4 Any 和 AnyObject 的类型转换

Swift 为不确定类型提供了两种特殊类型别名：

（1）AnyObject：可以代表任何 class 类型的实例。

（2）Any：可以表示除了方法类型（function types）外的其他类型。

14.4.1 AnyObject 类型

当需要在工作中使用 Cocoa APIs 时，它一般接收一个 AnyObject[]类型的数组，或者说"一个任何对象类型的数组"。这是因为 Objective-C 没有明确的类型化数组。但是，常常可以确定包含在 API 信息提供的这样一个数组中的对象的类型。

在这些情况下，可以使用强制形式的类型转换（as）来下转在数组中的每一项到比 AnyObject 更明确的类型，不需要可选解析（optional unwrapping）。

下面声明一个数组 someObjects 并指定为 AnyObject[]类型，填入三个 Movie 类型的实例：

```
let someObjects: AnyObject[] = [
    Movie(name: "2001: A Space Odyssey", director: "Stanley Kubrick"),
    Movie(name: "Moon", director: "Duncan Jones"),
    Movie(name: "Alien", director: "Ridley Scott")
]
```

由于我明确知道这个数组只包含 Movie 类型的实例，所以可以直接使用 as 进行强制转换：

```
for object in someObjects {
    let movie = object as Movie
    println("Movie: '\(movie.name)', dir. \(movie.director)")
}
// Movie: '2001: A Space Odyssey', dir. Stanley Kubrick
// Movie: 'Moon', dir. Duncan Jones
// Movie: 'Alien', dir. Ridley Scott
```

上面的代码也可以进一步简化为：

```
for movie in someObjects as Movie[] {
    println("Movie: '\(movie.name)', dir. \(movie.director)")
}
// Movie: '2001: A Space Odyssey', dir. Stanley Kubrick
// Movie: 'Moon', dir. Duncan Jones
// Movie: 'Alien', dir. Ridley Scott
```

14.4.2   Any

下面使用 Any 类型和混合的不同类型一起工作，包括非 class 类型。它创建了一个可以存储 Any 类型的数组 things：

```
var things = [Any]()

things.append(0)
things.append(0.0)
things.append(42)
things.append(3.14159)
things.append("hello")
things.append((3.0, 5.0))
things.append(Movie(name: "Ghostbusters", director: "Ivan Reitman"))
things.append(Song(name: "The One And Only", artist: "Chesney Hawkes"))
```

此时，things 数组中包含两个 Int 值，两个 double 值，一个 String 值，一个元组，一个 Movie 类型的实例和一个 Song 类型的实例。可以通过 for 循环枚举出每一个值，并通过 switch 语句和 as 操作符结合匹配到每一个类型并打印描述信息。

```
for thing in things {
    switch thing {
    case 0 as Int:
        println("zero as an Int")
    case 0 as Double:
        println("zero as a Double")
    case let someInt as Int:
        println("an integer value of \(someInt)")
    case let someDouble as Double where someDouble > 0:
        println("a positive double value of \(someDouble)")
    case is Double:
        println("some other double value that I don't want to print")
    case let someString as String:
        println("a string value of \"\(someString)\"")
    case let (x, y) as (Double, Double):
        println("an (x, y) point at \(x), \(y)")
    case let movie as Movie:
        println("a movie called '\(movie.name)', dir. \(movie.director)")
    case let song as song:
        println("a song called '\(song.name)', by \(song.artist) ")
    default:
        println("something else")
    }
```

```
}
```

结果输出为:

```
// zero as an Int
// zero as a Double
// an integer value of 42
// a positive double value of 3.14159
// a string value of "hello"
// an (x, y) point at 3.0, 5.0
// a movie called "Ghostbusters", dir. Ivan Reitman
// a song called The One And Only, by Chesney Hawkes
```

★ 提 示　在 switch 语句的 case 中, 可以直接使用 as 而无须 as?来检查类型, 编译器会默认这种检查总是安全的, 当匹配到未知类型时会进入 default 分支。

14.5　本章小结

类型转换分为数值和类实例的转换, 数值的转换需要重点考虑是否会损失精度和越界, 类实例的向下转换时要多使用可选类型来防止出错。Any 和 AnyObject 类型虽然更灵活, 但是往往因为内容的类型不确定而消耗额外的计算资源, 所以如非必须, 应该尽量少地使用这种类型。

14.6　习题

基于 MediaItem 定义一个子类 Game, 包含一个属性 developer, 声明一个 Game 的实例将其加入前文中的 library 中并输出所有内容。

第 15 章　扩展

在 Swift 中可以将已有的类进行扩展，无须关注这个类是自己编写的还是来自一个静态库封装，甚至是编译器自带的基础类型。

学习要点

- ➢ 扩展的定义和语法
- ➢ 扩展计算型属性
- ➢ 扩展构造器
- ➢ 扩展方法
- ➢ 可以修改自身的扩展方法
- ➢ 扩展下标
- ➢ 嵌套类型

15.1　扩展的定义和语法

扩展可以在一个已经存在的类、结构体或枚举类型上进一步添加功能，扩展支持逆向建模，可以在无须获取源代码的前提下对其进行扩展，如果了解 Objective-C 中的 categories，那么对 Swift 的扩展会很容易上手，扩展可以看作是没有名字的 categories。

Swift 中的扩展可用于：

（1）添加计算型属性和计算静态属性。

（2）定义实例方法和类型方法。

（3）提供新的构造器。

（4）定义下标。

（5）定义和使用新的嵌套类型。

（6）使一个已有类型符合某个协议。

★提示　如果定义了一个扩展向一个已有类型添加新功能，那么这个新功能对该类型的所有已有实例都是可用的，即使它们是在这个扩展的前面定义的。

可以使用关键词 extension 来声明一个扩展：

```
extension SomeType {
    // SomeType 的新功能
}
```

15.2　扩展计算型属性

扩展可以向已有的类型添加计算型实例属性和计算型类型属性，不仅适用于已定义的类型，也

122

同样适用于 Swift 内建的基本类型。例如，下面的例子就是为 Double 类型拓展了 5 个计算型实例属性用于转换各个单位：

```
extension Double {
    var km: Double { return self * 1_000.0 }
    var m : Double { return self }
    var cm: Double { return self / 100.0 }
    var mm: Double { return self / 1_000.0 }
    var ft: Double { return self / 3.28084 }
}
let oneInch = 25.4.mm
println("One inch is \(oneInch) meters")

let threeFeet = 3.ft
println("Three feet is \(threeFeet) meters")
// 打印输出："One inch is 0.0254 meters"
// 打印输出："Three feet is 0.914399970739201 meters"
```

上面代码中，为 Double 扩展的计算型属性的基本单位是米，所以 m 计算型返回 self，其他单位需要对应做计算，如 1km = 1000 m，所以 km 返回的是 self*1_000.0。

这些计算型扩展的返回值仍是 Double 类型，所以在计算中可以直接使用，例如：

```
let aMarathon = 42.km + 195.m
println("A marathon is \(aMarathon) meters long")
// 打印输出："A marathon is 42195.0 meters long"
```

★ 提示　扩展不可以添加存储属性，也不可以向已有的属性添加属性观察器。

15.3　扩展构造器

扩展可以对已有的类型添加新的构造器，这可以使用定制类型做构造器参数，将原始构造器中没有初始化的属性进行额外的初始化。

下面定义几个结构体：Size、Point 和 Rect。

```
struct Size {
    var width = 0.0,    height = 0.0
}
struct Point {
    var x = 0.0,    y = 0.0
}
struct Rect {
    var origin = Point()
    var size = Size()
}
```

这三个结构体都没有实现构造器，所以可以使用默认构造器或者成员构造器来创建对象。

例如：

```
let defaultRect = Rect()
let memberwiseRect = Rect(origin: Point(x: 2.0,    y: 2.0),
```

```
    size: Size(width: 5.0， height: 5.0))
```

可以为 Rect 扩展一个新构造器，使用中心点和大小来对 Rect 进行初始化：

```
extension Rect {
    init(center: Point， size: Size) {
        let originX = center.x - (size.width / 2)
        let originY = center.y - (size.height / 2)
        self.init(origin: Point(x: originX， y: originY)， size: size)
    }
}
```

这个构造器会根据 center 和 size 计算出原点，然后再调用自身的成员构造器来进行下面的操作：

```
let centerRect = Rect(center: Point(x: 4.0， y: 4.0),
    size: Size(width: 3.0， height: 3.0))
// centerRect 的原点是 (2.5， 2.5)，大小是 (3.0， 3.0)
```

15.4 扩展方法

可以为类型添加方法，这个方法包含实例方法和类型方法。下面的例子就是为 Int 类型添加一个 repetitions 的新实例方法：

```
extension Int {
    func repetitions(task: () → ()) {
        for i in 0..<self {
            task()
        }
    }
}
```

repetitions 方法使用了一个 () → () 类型的单参数（single argument），表明函数没有参数而且没有返回值。在对任意整数调用 repetition 时，就会执行整数次 task 闭包中的内容。

例如：

```
3.repetitions({
    println("Hello!")
    })
// Hello!
// Hello!
// Hello!
可以通过 trailing 闭包使调用更加简洁：

3.repetitions{
    println("Goodbye!")
}
// Goodbye!
// Goodbye!
// Goodbye!
```

15.5　修改实例方法

扩展添加的实例方法可以修改该实例本身。在结构体和枚举类型中修改 self 或其属性的方法必须将该实例方法标注为 mutating。

下面的例子向 Swift 的 Int 类型添加了一个新的名为 square 的修改方法，来实现一个原始值的平方计算：

```
extension Int {
    mutating func square() {
        self = self * self
    }
}
var someInt = 3
someInt.square()
// someInt 现在值是 9
```

15.6　扩展下标

扩展可以为已有类型添加下标，例如，为 Int 类型添加下标，该下标返回从右向左第 n 个数字。

```
extension Int {
    subscript(var digitIndex: Int)→ Int {
        var decimalBase = 1
            while digitIndex > 0 {
                decimalBase *= 10
                --digitIndex
            }
            return (self / decimalBase) % 10
    }
}
746381295[0]
// returns 5
746381295[1]
// returns 9
746381295[2]
// returns 2
746381295[8]
// returns 7
```

15.7　嵌套类型

扩展可以向已有的类、结构体和枚举添加新的嵌套类型，嵌套类型即在被扩展的类型中加入新的类型，类似于嵌套函数。

下面为 Character 添加新的嵌套枚举 Kind。这个名为 Kind 的枚举表示特定字符的类型。具体来说，就是表示一个标准的拉丁脚本中的字符是元音还是辅音，并为 String 类型添加一个嵌套函数，输出该类型实例的值所包含的所有字母类型。

```
extension Character {
    enum Kind {
        case Vowel，Consonant，Other
    }
    var kind: Kind {
        switch String(self).lowercaseString {
        case "a"，"e"，"i"，"o"，"u":
            return .Vowel
        case "b"，"c"，"d"，"f"，"g"，"h"，"j"，"k"，"l"，"m",
             "n"，"p"，"q"，"r"，"s"，"t"，"v"，"w"，"x"，"y"，"z":
            return .Consonant
        default:
            return .Other
        }
    }
}

extension String {
    func printLetterKinds() {
        println("'\(self)' is made up of the following kinds of letters:")
        for character in self {
            switch character.kind {
            case .Vowel：
                print("vowel ")
            case .Consonant：
                print("consonant ")
            case .Other：
                print("other ")
            }
        }
        print("\n")
    }
}

let word = "Hello"
word.printLetterKinds()
```

结果输出为：

consonant vowel consonant consonant vowel

15.8　本章小结

扩展是 Swift 的最强大的特性之一，由于不受被扩展类型的限制，所以可以随时灵活地任意添加想要的功能，Swift 基本类型的诸多特性也是以扩展形式存在，大家可以多加参考，有益于加深理解扩展特性。

15.9 习题

密码的使用最早可以追溯到古罗马时期，《高卢战记》记载恺撒曾经使用密码来传递信息，即所谓的"恺撒密码"，它是一种替代密码，通过将字母按顺序推后 3 位起到加密作用，如将字母 A 换作字母 D，将字母 B 换作字母 E。请为 String 类型扩展一个方法 caesarCipherEncode，使该类型支持这种加密算法并可以随意定制退后的位数（1–25）。

第 16 章　协议

协议类似于 JAVA 中的接口，一个协议其实就是一系列有关联的方法的集合。协议中的方法并不是由协议本身去实现，而是由遵循这个协议的其他类来实现。换句话说，协议只是完成对协议函数的声明而并不管这些协议函数的具体实现。协议的范围可以是实例属性、实例方法、类方法、操作符和下标脚本等。

学习要点

- ➢ 协议的语法
- ➢ 协议中的属性，方法，构造器
- ➢ 协议类型
- ➢ 委托
- ➢ 扩展协议
- ➢ 继承协议
- ➢ 合成协议
- ➢ 可选协议

16.1　协议的语法

协议的定义方式与类、结构体、枚举的定义都非常相似，如下所示：

```
protocol SomeProtocol {
    // 协议内容
}
```

在类型名称后加上协议名称，中间以冒号（:）分隔即可实现协议；实现多个协议时，各协议之间用逗号（,）分隔，如下所示：

```
struct SomeStructure: FirstProtocol,    AnotherProtocol {
    // 结构体内容
}
```

如果一个类在含有父类的同时也采用了协议，应当把父类放在所有的协议之前，如下所示：

```
class SomeClass: SomeSuperClass,    FirstProtocol,    AnotherProtocol {
    // 类的内容
}
```

16.2　协议中的属性

协议可以规定其他类型提供指定名称和类型的实例属性（instance property）或类属性（type

property），而不管其是存储型属性（stored property）还是计算型属性（calculate property）。此外也可以指定属性是只读的还是可读写的。

　　属性的读写权限和属性的类型相关，但是无须完全一致：

　　（1）可读写：属性不能是常量或计算型属性，因为它们不可以修改。

　　（2）只读：任意属性都可以获取，包括支持修改的数据。

　　协议中的属性经常被加以 var 前缀声明其为变量属性，在声明后加上 { set get } 来表示属性是可读写的，只读的属性则写作 { get }，例如：

```
protocol SomeProtocol {
    var mustBeSettable : Int { get set }
    var doesNotNeedToBeSettable: Int { get }
}
```

　　当我们需要在协议中声明这个属性为类成员时，可以使用 class 作为前缀（在 Swift1.2 中，官方文档虽然指明支持在结构体和枚举中使用 static 实现，但在编译器中却无法通过）。

```
protocol AnotherProtocol {
    class var someTypeProperty: Int { get set }
}
```

　　下面是一个含有一个实例属性要求的协议：

```
protocol FullyNamed {
    var fullName: String { get }
}
```

　　在 FullyNamed 协议中，定义了遵从该协议的类型必须提供一个 fullName，并保证这个 fullName 属性的唯一性，确认为只读并且类型为 String。

　　下面定义一个新的类，并使用该协议：

```
struct Person: FullyNamed{
    var fullName: String
}
let john = Person(fullName: "John Appleseed")
//john.fullName  为 "John Appleseed"
```

　　在这个例子中，我们定义了一个 Person 的结构体，用于指定一个人，一个人包含一个名字，并且采用了 FullyNamed 协议，为了满足这个协议的要求，为 Person 结构体添加了一个 fullName 的 String 类型存储变量。最后创建一个 Person 的实例并对其初始化，可以看出定义的协议已经生效。

　　在 FullyNamed 协议中，要求 fullName 属性是只读的，而上例中为 Person 结构体添加的 fullName 属性是存储属性，所以也可以修改 fullName 的值，例如：

```
john.fullName = "another name"
```

　　这样是合法的，因为计算型属性和存储型属性都满足协议中只读属性的要求，但将其强制转换为 FullyNamed 协议后，则无法修改该属性。

　　下面尝试定义一个采用 FullyNamed 协议的更复杂的类：

```
class Starship: FullyNamed {
    var prefix: String?
    var name: String
    init(name: String,   prefix: String? = nil ) {
        self.name = name
        self.prefix = prefix
    }
    var fullName: String {
    return (prefix != nil ? prefix! + " " : " ") + name
    }
}
var ncc1701 = Starship(name: "Enterprise",   prefix: "USS")
// ncc1701.fullName == "USS Enterprise"
```

其中定义了一个类 Starship，这个类采用 FullyNamed 协议，并将 fullName 属性实现为计算型属性，这个属性由类中的可选属性 perfix 和属性 name 组合而成，当可选属性 prefix 不为空时，将返回这两个属性连接后的结果作为 fullName；当可选属性为空时，则直接用 name 作为 fullName。

16.3 协议中的方法

在协议中，可以要求遵守的类型实现一个协定的实例方法和类方法，这些方法可以清晰地定义在协议中，作为协议的一部分，但无须在协议中完成方法体和加入大括号。

协议中的方法支持变长参数（variadic parameter），不支持参数默认值（default value）。

协议中类方法的定义与类属性的定义相似，在协议定义的方法前置 class 关键字来表示。

```
protocol SomeProtocol {
    class func someTypeMethod()
}
```

如下所示，定义了含有一个实例方法的协议：

```
protocol   SayHiProtocol {
    func sayHi() → String
}
```

这个协议 SayHiProtocol 包含一个 sayHi 的方法，sayHi 方法没有参数输入，返回一个 String 类型数值。协议并不关心 sayHi 是如何实现的，只要求返回对应类型的数值。

继续定义一个类型遵循 SayHiProtocol 协议：

```
class PinkMan:SayHiProtocol {
    func sayHi() → String {
        return "Yo! Man"
    }
}

let pinkman = PinkMan()
println(pinkman.sayHi())

//Yo! Man
```

在类 PinkMan 中，按照 SayHiProtocol 的要求实现了 sayHi 函数并按照要求返回对应类型的数值，满足了所有的协议要求后，编译通过并打印正确信息。

16.4 突变方法

当需要在方法中改变自身（self）的值时，在协议中使用 mutating 作为函数的前缀，将该方法标记为突变方法。例如：

```
protocol Togglable {
    mutating func toggle()
}
```

下面是一个遵循 Togglable 协议的枚举类型 OnOffSwitch，根据协议的描述和包含的方法名称，可以了解到 toggle 方法用于切换实例的值，所以在 OnOffSwitch 中实现了这一方法：

```
enum OnOffSwitch: Togglable {
    case Off,   On
    mutating func toggle() {
        switch self {
        case Off:
            self = On
        case On:
            self = Off
        }
    }
}
var lightSwitch = OnOffSwitch.Off
lightSwitch.toggle()
//lightSwitch 现在的值为 .On
lightSwitch.toggle()
//lightSwitch 现在的值为 .Off
```

16.5 构造器

协议可以要求遵循者提供特定的构造器或者便捷构造器，直接在协议中定义构造器名称和参数，无须括号和构造器具体定义实体：

```
protocol SomeProtocol {
    init(someParameter: Int)
}
```

在实现遵循这种类型协议的类时，需要在协议中包含的构造器前加入 required 关键词。

例如：

```
class SomeClass: SomeProtocol {
    required init(someParameter: Int) {
        //构造器实现
    }
}
```

required 关键词的意义在于它可以保证所有遵循该协议的子类，同样能为构造器规定提供一个显式的实现或继承实现。

如果一个子类重写了父类的指定构造器，并且该构造器遵循了某个协议的规定，那么该构造器的实现需要被同时标示 required 和 override 修饰符。

```
protocol SomeProtocol {
    init()
}


class SomeSuperClass {
    init() {
        //协议定义
    }
}


class SomeSubClass: SomeSuperClass，SomeProtocol {
    // "required" 源于协议 SomeProtocol conformance; "override" 基于重写父类 SomeSuperClass
    required override init() {
        // 构造器实现
    }
}
```

16.6   协议类型

尽管协议本身并不实现任何功能，但是协议可以被当作类型来使用。其使用场景如下：

（1）协议类型作为函数、方法或构造器中的参数类型或返回值类型；

（2）协议类型作为常量、变量或属性的类型；

（3）协议类型作为数组、字典或其他容器中的元素类型。

提 示   协议作为一种类型，其命名规则同其他类型一样使用驼峰式写法，如 SomeProtocol。

下面的示例中将协议 RandomNumberGenerator 作为类型来使用：

```
protocol RandomNumberGenerator {
    func random() → Double
}

class Dice {
    let sides: Int
    let generator: RandomNumberGenerator
    init(sides: Int，generator: RandomNumberGenerator) {
        self.sides = sides
        self.generator = generator
    }
    func roll() → Int {
        return Int(generator.random() * Double(sides)) + 1
    }
}
```

这个例子中 Dice 类代表拥有 N 个面的骰子，使用 Int 类型的 sides 属性来表示该骰子的面数，另外还有一个 RandomNumberGenerator 类型的属性 generator 来生成随机数。可以将任何遵循协议 RandomNumberGenerator 的类型实例赋值给属性 generator。函数 roll 保证了由 generator 生成的随机数的范围在这个骰子拥有的面数的范围内。

当创建 Dice 类时可以直接调用其构造器，将 sides 和 generator 进行初始化，例如：

```
class DoubleRandomGenerator: RandomNumberGenerator {
    func random()→ Double {
        return random()*random()
    }
}
var d6 = Dice(sides: 6，generator: DoubleRandomGenerator())
for _ in 1...10 {
    println("Random dice roll is \(d6.roll())")
}

//输出十次随机面
```

16.7 委托

委托是一种设计模式，如果使用过 Objective-C，那么一定对它非常熟悉，委托允许类或结构体将一部分功能委托给其他的类型的实例。只需要将被委托的函数的方法封装在协议中，并在遵循这个协议的类型中实现这些函数和方法就可以实现委托模式。委托模式只需保证被委托的类或结构体遵循包含的协议即可，广泛用于响应特定动作和接受外部数据源（如 Objective-C 中的 UITableViewDelegate）。

下面是两个基于骰子游戏的协议：

```
protocol DiceGame {
    var dice: Dice { get }
    func play()
}

protocol DiceGameDelegate {
    func gameDidStart(game: DiceGame)
    func game(game: DiceGame，  didStartNewTurnWithDiceRoll diceRoll:Int)
    func gameDidEnd(game: DiceGame)
}
```

其中，DiceGame 协议可以在任意含有骰子的游戏中实现，DiceGameDelegate 协议可以用来追踪 DiceGame 的游戏过程。

下面的游戏 SnakesAndLadders 使用 Dice 作为骰子，并实现了 DiceGame 和 DiceGameDelegate 协议，后者用来记录游戏的过程：

```
class SnakesAndLadders: DiceGame {
    let finalSquare = 25
    let dice = Dice(sides: 6，  generator: DoubleRandomGenerator())
    var square = 0
```

```
    var board: [Int]
    init() {
        board = [Int](count: finalSquare + 1， repeatedValue: 0)
        board[03] = +08; board[06] = +11; board[09] = +09; board[10] = +02
        board[14] = -10; board[19] = −11; board[22] = −02; board[24] = −08
    }
    var delegate: DiceGameDelegate?
    func play() {
        square = 0
        delegate?.gameDidStart(self)
        gameLoop: while square != finalSquare {
            let diceRoll = dice.roll()
            delegate?.game(self， didStartNewTurnWithDiceRoll: diceRoll)
            switch square + diceRoll {
            case finalSquare：
                break gameLoop
            case let newSquare where newSquare > finalSquare：
                continue gameLoop
            default：
            square += diceRoll
            square += board[square]
            }
        }
        delegate?.gameDidEnd(self)
    }
}
```

类 SnakesAndLadders 遵循了 DiceGame 协议，所以在 SnakesAndLadders 中提供了常量 dice 属性和方法 play。SnakesAndLadders 还定义了 DiceGameDelegate 类型的可选属性 delegate，因为此时的委托方法仅用于抛出游戏运行的状态，不是必要因素。

DiceGameDelegate 协议提供了三个方法：

（1）func gameDidStart(game: DiceGame)。

（2）func game(game: DiceGame， didStartNewTurnWithDiceRoll diceRoll:Int)。

（3）func gameDidEnd(game: DiceGame)。

这三个方法用于追踪游戏的进度，会分别在游戏开始、游戏新一轮开始、游戏结束时被调用，因为 delegate 是可选属性，所以这里使用可选链方式来调用这些委托方法，防止程序抛出异常。

下面的示例中 DiceGameTracker 遵循 DiceGameDelegate 协议，在对应的方法中打印相关信息：

```
class DiceGameTracker: DiceGameDelegate {
    var numberOfTurns = 0
    func gameDidStart(game: DiceGame) {
        numberOfTurns = 0
        if game is SnakesAndLadders {
            println("Started a new game of Snakes and Ladders")
        }
        println("The game is using a \(game.dice.sides)-sided dice")
    }
    func game(game: DiceGame， didStartNewTurnWithDiceRoll diceRoll: Int) {
        ++numberOfTurns
```

```
            println("Rolled a \(diceRoll)")
        }
        func gameDidEnd(game: DiceGame) {
            println("The game lasted for \(numberOfTurns) turns")
        }
}
```

其中，DiceGameTracker 中 numberOfTurns 属性用于记录游戏进行的总轮数，在游戏开始时 (gameDidStart) 清零；游戏新一轮开始时 (ame(game: DiceGame, didStartNewTurnWithDiceRoll diceRoll: Int)) 自增；在游戏结束时 (gameDidEnd) 输出。

当调用 gameDidStart 方法时，会从参数 game 中获取必要的信息，需要注意的是，这里 game 是作为 DiceGame 类型传入，所以只能访问 DiceGame 协议中定义的元素，这样设计可以保证 DiceGameTracker 适用于所有遵循 DiceGame 协议的类。在需要使用特定类型实例时，可以通过前面学习的类型转换做处理。例如，在这里我们单独对 game 实例做类型检测，当 game 为 SnakesAndLadders 类型实例时，单独打印出相应的内容。

接下来创建 DiceGameTracker 的实例并打印结果：

```
let tracker = DiceGameTracker()
let game = SnakesAndLadders()
game.delegate = tracker
game.play()
```

16.8　在扩展中添加协议成员

即使没有目标类型的源代码，还是可以用扩展的办法来扩充已存在的类、枚举、结构体，扩展的范围不局限于属性、方法、下标脚本，也同样适用于协议，当通过扩展让某些类型遵循后，该类型的所有实例无论是在协议扩展前后创建都会添加协议中的方法。

例如，上面使用的类 Dice：

```
class Dice {
    let sides: Int
    let generator: RandomNumberGenerator
    init(sides: Int, generator: RandomNumberGenerator) {
        self.sides = sides
        self.generator = generator
    }
    func roll() → Int {
        return Int(generator.random() * Double(sides)) + 1
    }
}
```

下面创建了一个协议 TextRepresentable：

```
protocol TextRepresentable {
    func asText() → String
}
```

TextRepresentable 包含一个 asText 的方法，返回一个 String 类型的数值。

在想使 Dice 扩展遵循协议 TextRepresentable 时，可以：

```
extension Dice: TextRepresentable {
    func asText() → String {
        return "A \(sides)-sided dice"
    }
}
```

这样 Dice 的实例便可以调用 asText 方法了：

```
let d12 = Dice(sides: 12，generator: DoubleRandomGenerator())
println(d12.asText())
// 输出 "A 12-sided dice"
```

16.9   通过扩展补充协议声明

当一个类型满足协议中的所有要求，但没有声明遵循该协议时，可以通过扩展来补充协议的声明。

```
protocol TextRepresentable {
    func asText() → String
}

struct Hamster {
    var name: String
    func asText()→ String {
        return "A hamster named \(name)"
    }
}
extension Hamster: TextRepresentable {}
```

这样 Hamster 便可以作为一个 TextRepresentable 类型使用：

```
let simonTheHamster = Hamster(name: "Simon")
let somethingTextRepresentable: TextRepresentable = simonTheHamster
println(somethingTextRepresentable.asText())
// 输出 "A hamster named Simon"
```

16.10   集合中的协议类型

协议作为类型的一种，可以用在集合中，表示集合中的所有元素均为该协议类型。

例如，之前例子中的 game，d12，simonTheHamster 均遵循协议 TextRepresentable，所以可以将它们放在一个集合中，集合类型为 TextRepresentable：

```
let things: [TextRepresentable] = [game，d12，simonTheHamster]
```

在遍历这个数组时，可以分别调用它们的 asText 方法：

```
for thing in things {
    println(thing.asText())
}
```

```
// A game of Snakes and Ladders with 25 squares
// A 12-sided dice
// A hamster named Simon
```

things 中的元素是作为 TextRepresentable 类型来存储的,在需要调用 Dice、DiceGame 和 Hamster 类型的成员或方法时,可以使用 as 进行类型转换。

16.11　协议的继承

类似于类的继承,协议也能够继承一个或多个协议,多个协议间用逗号(,)分隔:

```
protocol InheritingProtocol: SomeProtocol,   AnotherProtocol {
    // 协议定义
}
```

例如,下面定义一个新的协议 PrettyTextRepresentable,其继承自 TextRepresentable 协议:

```
protocol PrettyTextRepresentable: TextRepresentable {
    func asPrettyText() → String
}
```

当一个类或结构体遵循 PrettyTextRepresentable 协议的同时,也同时需要遵守 TextRepresentable 协议,这我们将上文中的 SnakesAndLadders 扩展遵循 PrettyTextRepresentable 协议:

```
extension SnakesAndLadders: PrettyTextRepresentable {
    func asPrettyText() → String {
        var output = asText() + ":\n"
        for index in 1...finalSquare {
            switch board[index] {
                case let ladder where ladder > 0:
                output += "▲ "
                case let snake where snake < 0:
                output += "▼ "
                default:
                output += "○ "
            }
        }
        return output
    }
}
```

在 for in 中迭代出了 board 数组中的每一个元素:
(1)当从数组中迭代出的元素的值大于 0 时,用▲表示。
(2)当从数组中迭代出的元素的值小于 0 时,用▼表示。
(3)当从数组中迭代出的元素的值等于 0 时,用○表示。
(4)任意 SankesAndLadders 的实例都可以使用 asPrettyText()方法。

```
println(game.asPrettyText())
```

16.12　协议合成

协议合成是指一个协议可由多个协议采用 protocol<SomeProtocol、AnotherProtocol>这样的格式进行组合。

举个例子：

```
protocol Named {
    var name: String { get }
}
protocol Aged {
    var age: Int { get }
}
struct Person: Named，　Aged {
    var name: String
    var age: Int
}
func wishHappyBirthday(celebrator: protocol<Named，　Aged>) {
    println("Happy birthday \(celebrator.name) - you're \(celebrator.age)!")
}
let birthdayPerson = Person(name: "Malcolm"，　age: 21)
wishHappyBirthday(birthdayPerson)
// 输出 "Happy birthday Malcolm - you're 21!"
```

其中，Named 协议包含 String 类型的 name 属性；Aged 协议包含 Int 类型的 age 属性。Person 结构体遵循了这两个协议。wishHappyBirthday 函数的形参 celebrator 的类型为 protocol<Named，Aged>。可以传入任意遵循这两个协议的类型的实例。

★提示　协议合成并不会生成一个新协议类型，而是将多个协议合成为一个临时的协议，超出范围后立即失效。

16.13　校验协议

可以使用关键词 is 和关键词 as 来检查协议类型和转化协议类型：

（1）is 操作符用来检查实例是否遵循了某个协议。

（2）as?返回一个可选值，当实例遵循协议时，返回该协议类型；否则返回 nil。

（3）as 用以强制向下转型。

```
@objc protocol HasArea {
    var area: Double { get }
}
```

@objc 用来表示协议是可选的，也可以用来表示暴露给 Objective-C 的代码，此外，@objc 型协议只对类有效，因此只能在类中检查协议的一致性。

下面定义两个遵循 HasArea 协议的类 Circle 和 Country：

```
class Circle: HasArea {
    let pi = 3.1415927
```

```
        var radius: Double
        var area: Double { return pi * radius * radius }
        init(radius: Double) { self.radius = radius }
}
class Country: HasArea {
        var area: Double
        init(area: Double) { self.area = area }
}
```

然后定义一个并不遵循 HasArea 协议的类 Animal：

```
class Animal {
        var legs: Int
        init(legs: Int) { self.legs = legs }
}
```

因为这三个类并不属于同一基类，所以它们的实例只能采用 AnyObject 类型的数组才能存放：

```
let objects: [AnyObject] = [
        Circle(radius: 2.0),
        Country(area: 243_610),
        Animal(legs: 4)
]
```

此时在 objects 中包含 Circle、Country 和 Animal 各一个实例。在枚举 objects 中的元素时，可以使用 as?进行可选绑定到常量 objectWithArea，当条件符合时打印相关信息：

```
for object in objects {
        if let objectWithArea = object as? HasArea {
            println("Area is \(objectWithArea.area)")
        } else {
            println("Something that doesn't have an area")
        }
}
// Area is 12.5663708
// Area is 243610.0
// Something that doesn't have an area
```

★提示　使用可选绑定后，objectWithArea 被视为 HasArea 类型的实例，所以只有 area 属性可以被访问。

16.14　可选协议的规定

前面讲到的协议较为强制，需要遵循的类满足协议中规定的所有内容，更灵活一些的方法是使用可选协议，可以使用关键词 optional 来定义可选的成员。

可选协议只能在@objc 前缀的协议中使用，并且该协议只能被类遵循。例如：

```
@objc protocol CounterDataSource {
        optional func incrementForCount(count: Int) -> Int
        optional var fixedIncrement: Int { get }
}
```

协议 CounterDataSource 包含两个可选成员，可选方法 incrementForCount 以及可选只读变量 fixedIncrement。然后定义一个使用 CounterDataSource 作为属性的类：

```
@objc class Counter {
    var count = 0
    var dataSource: CounterDataSource?
    func increment() {
        if let amount = dataSource?.incrementForCount?(count) {
            count += amount
        } else if let amount = dataSource?.fixedIncrement? {
            count += amount
        }
    }
}
```

在 Counter 类中声明了一个 CounterDataSource 类型的可选变量 dataSource 作为数据的代理，并定义了 increment 方法。在 increment 方法中使用可选链分别判断是否存在 incrementForCount 和 fixedIncrement。

ThreeSource 实现了 CounterDataSource 协议，如下所示：

```
class ThreeSource: CounterDataSource {
    let fixedIncrement = 3
}
```

使用 ThreeSource 作为数据源并实例化一个 Counter：

```
var counter = Counter()
counter.dataSource = ThreeSource()
for _ in 1...4 {
    counter.increment()
    println(counter.count)
}
// 3
// 6
// 9
// 12
```

TowardsZeroSource 实现了 CounterDataSource 协议中的 incrementForCount 方法，如下所示：

```
class TowardsZeroSource: CounterDataSource {
func incrementForCount(count: Int) -> Int {
        if count == 0 {
            return 0
        } else if count < 0 {
            return 1
        } else {
            return −1
        }
    }
}
```

下边是执行的代码：

```
counter.count = –4
counter.dataSource = TowardsZeroSource()
for _ in 1...5 {
    counter.increment()
    println(counter.count)
}
// -3
// -2
// -1
// 0
// 0
```

⭐ 提 示　可选协议虽然可使协议继承的代价降低，但也带来了更多不确定性，导致代码的可靠性下降。

16.15　本章小结

协议是开发复杂程序的基础，活用协议可以让程序的结构更加清晰灵活，协议的使用在 ios 开发中十分频繁，如列表控件（UITableView）等数据源和操作便是通过代理方法来实现的。

16.16　习题

定义一个协议 Book，包含两个可读属性 pageNumber 和 author，以及一个可选方法 nextPage。定义另外一个协议 Programming，包含一个可读属性 language 和一个可选方法 printDescription。请定义一个类 ProgramingBook，遵守以上两个协议并将其实例化。

第 17 章　泛型

泛型是 Swift 强大的特征之一，应用于许多 Swift 标准库，通过泛型，可以写出灵活又可重复使用的函数和类型可以高度抽象的代码，简化逻辑，避免代码重复。

利用泛型，还可以创建一个包含 Int 数值的数组及创建一个包含 Float 数值的数组。

 学习要点

➢ 为什么引入泛型
➢ 泛型函数
➢ 类型参数
➢ 泛型类型
➢ 类型约束
➢ 关联类型
➢ Where 语句

17.1　为什么引入泛型

首先引入一个问题，在需要交换两个 Int 类型的值时，可能会写一个这样的方法：

```
func swapTwoInts(inout a: Int，　inout b: Int) {
  let temporaryA = a
  a = b
  b = temporaryA
}
```

应用场景可能是这样的：

```
var someInt = 3
var anotherInt = 107
swapTwoInts(&someInt，&anotherInt)
println("someInt is now \(someInt)，and anotherInt is now \(anotherInt)")
// 输出 "someInt is now 107，and anotherInt is now 3"
```

这样就完成了将两个 Int 类型的值交换的工作，看起来问题是解决了，但是非常遗憾的是，当我们需要交换两个 String 类型或者两个 Double 类型的值时，仍然需要反复写更多类似 swapTwoStrings 或 swapTwoDoubles 的方法：

```
func swapTwoStrings(inout a: String，　inout b: String) {
    let temporaryA = a
    a = b
    b = temporaryA
}
```

```
func swapTwoDoubles(inout a: Double， inout b: Double) {
    let temporaryA = a
    a = b
    b = temporaryA
}
```

这三个方法无论从程序逻辑还是功能上来说都是一致的，唯一的区别只是传入的参数不同，大量堆积相似的代码无疑不利于管理和维护，那么如何解决这种问题呢？很自然地，抽象出了一种更强大的函数，只需要定义一次，就可以交换任何两个相同类型的变量，即泛型。

★提示 这里的交换仅限于两种数据类型相同的变量，不同数据类型间无法交换。

17.2 泛型函数

泛型函数可以将传入参数的数据类型替换为占位类型名，占位类型名用来代替实际传入的类型名，只有在真正传入实际值时才会将 T 的类型确定。这样泛型函数便可以工作于任何类型，占位类型名需要和实际的参数类型区别，通常使用 T 来表示并用尖括号包围，17.1 小节中的交换函数可以升级为：

```
func swapTwoValues<T>(inout a: T， inout b: T) {
    let temporaryA = a
    a = b
    b = temporaryA
}
```

升级后的函数变化在函数的声明部分：

```
func swapTwoValues<T>(inout a: T， inout b: T)
func swapTwoDoubles(inout a: Double， inout b: Double)
```

首先在函数名后增加用尖括号包围的占位符类型名称 T， 这样编译器便认为 T 是在函数中定义的一个类型，但无须去定义 T 实际代表什么类型，之后在参数部分直接使用 T 来替代所有类型，下面测试使用 swapTwoValues 进行 Int 类型值间的交换和 String 类型值间的交换：

```
var someInt = 3
var anotherInt = 107
swapTwoValues(&someInt， &anotherInt)
println("someInt is now \(someInt)， and anotherInt is now \(anotherInt)")
// someInt is now 107， and anotherInt is now 3

var someString = "hello"
var anotherString = "world"
swapTwoValues(&someString， &anotherString)
println("someString is now \(someString)， and anotherString is now \(anotherString)")
// someString is now "world"， and anotherString is now "hello"
```

★提示 Swift 标准库中实际已经实现了这个功能， swapTwoValues 仅作说明使用，在实际运用中可以直接调用 swap()函数来完成这个操作。例如：

```
swap(&someString， &anotherString)
```

17.3　类型参数

可以一次定义多个占位类型，这并不影响程序的运行，只需要在尖括号中用逗号（,）分隔即可。例如，17.2 小节中的方法可以继续修改为：

```
func swapTwoValuesAndMore<T，Q>(inout a: T，  inout b: T，inout c:Q，inout d:Q) {
    let temporaryA = a
    a = b
    b = temporaryA

    let temporaryB = c
    c = d
    d = temporaryB
}
var a = 1
var b = 2
var c = "abc"
var d = "def"
swapTwoValuesAndMore(&a，  &b，  &c，  &d)
println("a is \(a)，  b is \(b)，  c is \(c)，  d is \(d)")
// a is 2，  b is 1，  c is def，  d is abc
```

在程序较为简单的情况下，通常使用单个字母 T 来命名类型参数。当程序较为复杂时，如使用多个参数定义更复杂的泛型函数和泛型类型时，可以使用可度的命名方法，这样有利于程序的可读性。

应始终使用大写字母开头的驼峰式命名法（如 T 和 KeyType）来给类型参数命名，以表明它们是类型的占位符，而非类型值。

17.4　泛型类型

Swift 允许自定义泛型类型，这些自定义的类、结构体和枚举可用于任何类型。例如，可以在 Array 中填装不同数值类型的实例，既可以是一个 Int 类型的数组也可以是一个 String 类型的数组，甚至可以存储任何指定类型的字典。

下面将演示如何定义一个泛型集合类型——栈（Stack），栈是一系列值域的集合。与数组不同的是，数组允许在任意位置执行添加或删除操作，而栈只允许在集合的末端操作，只能在最末端加入（push）一个新值，或者从最末端移除（pop）一个值。

如果之前对 UIKIT 中的 UINavigationController 类有一定了解，那么就会发现 UINavigation Controller 是一个典型的栈结构，通过调用 UINavigationController 的 pushViewController:animated: 方法来为导航栈添加（add）新的试图控制器；而通过 popViewControllerAnimated: 的方法来从导航栈中移除（pop）某个试图控制器。每当你需要一个严格的后进先出方式来管理集合，堆栈都是最实用的模型。

如图 17-1 所示，展示了一个栈进行 push 和 pop 操作的过程。

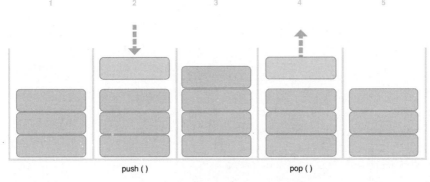

图 17-1 栈进行的 push 和 pop 操作的过程

（1）栈当前存在三个值。

（2）通过 push 操作，在栈的顶端（末端）加入一个新的值。

（3）当前栈中的值增加到四个。

（4）通过 pop 操作，移除了栈最顶端（末端）的值。

（5）栈中的数值个数变为三个。

了解这种机制之后，可以先定义一个非泛型的栈，假设栈中的值都是 Int 类型：

```
struct IntStack {
    var items = Int[]()
    mutating func push(item: Int) {
        items.append(item)
    }
    mutating func pop()→ Int {
        return items.removeLast()
    }
}
```

在结构体 IntStack 中，定义了一个 Int 类型的数组 Items，并定义了两个方法 push 和 pop。push 用于在 items 数组末尾添加一个数值，pop 用于在 items 数组末尾移除一个数值。因为这些操作都会改变结构体本身的值，所以在声明时加入了 mutating 关键词，表示这是变异函数。

基于 IntStack 类型的逻辑，可以进一步将它扩展为泛型版本，使 Stack 中的数据不局限于 Int 类型：

```
struct Stack<T> {
    var items = [T]()
    mutating func push(item: T) {
        items.append(item)
    }
    mutating func pop() → T {
        return items.removeLast()
    }
}
```

泛型版本的 Stack 和非泛型的 Stack 实现上基本相同，只是在涉及实际类型的地方，使用了泛型版本中的占位符类型 T 代替，并在结构体名称之后预先声明了这个占位符类型。T 可以读作"某种类型 T"，可以在后续的定义中作为类型的占位使用。在这个例子中，T 主要用于如下的三个地方：

（1）创建一个名为 items 的属性，使用空的 T 类型值数组对其进行初始化。

（2）指定一个包含一个参数名为 item 的 push 方法，该参数必须是 T 类型。

（3）指定一个 pop 方法的返回值，该返回值将是一个 T 类型值。

在是创建一个 Stack 的实例时，需要在创建的同时指定其中用到的类型，例如：

```
var stackOfStrings = Stack<String>()
stackOfStrings.push("uno")
stackOfStrings.push("dos")
stackOfStrings.push("tres")
stackOfStrings.push("cuatro")
// 现在栈已经有 4 个 string 了
```

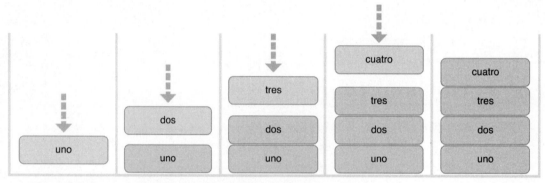

当从栈中 pop 一个值时，实际会移除最后一个添加的元素 cuatro。

```
let fromTheTop = stackOfStrings.pop()
// fromTheTop is equal to "cuatro",    and the stack now contains 3 strings
```

如图 17-2 所示，模拟了这个过程。

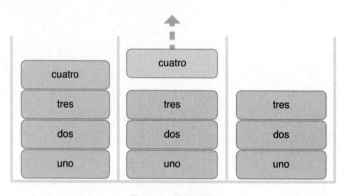

图 17-2　模拟过程

Stack 是泛型类型，在 Swift 中，其可以用来创建任何有效类型的栈，这种方式如同 Array 和 Dictionary。

已定义的泛型类型也可以被进一步扩展，扩展时可以直接使用泛型定义时的占位类型参数。下面进一步扩展 Stack 类型，为其增加计算属性 topItem，topItem 返回这个栈实例顶部的元素。

```
extension Stack{
    var topItem: T? {
```

```
            return items.isEmpty? nil :item[items.count-1]
    }
}
```

topItem 的返回值为 T，当空栈的情况下，topItem 返回 nil，否则返回 item 中最后一个元素。

```
if let topItem = stackOfStrings.topItem
{
    println("The top item is \(topItem).")
}
```

17.5　类型约束

在之前实现的泛型案例中，无论是泛型函数 swapTwoValues 还是泛型类型 Stack，都适用于任何类型，但有的时候，为泛型函数和泛型类型添加一个类型约束是非常有必要的，类型约束可以指定类型必须继承自特定的类，或者遵循一个指定的协议类型。

例如，Swift 内建的 Dictionary 类型对其键的类型做了约束，键类型必须遵循协议 hashable，hashable 协议即 Swift 语言内建的可哈希协议，它可以确定键中的值用一种方法被唯一表示。在 Dictionary 中键值的可哈希可以便于检查这个键是否已经存在，反之，如果键值不可哈希，则无法将其中的 key-value 一一对应，也就无法完成字典的功能。将这个协议作为类型约束作用于 Dictionary 键上，可以使其必须遵守 hashable 协议。Swift 中的基本类型如 String、Double、Int 和 Bool 默认都是可哈希的，hashable 协议已经内置于 Swift 标准库中。

可以自定义类型约束用于自定义泛型类型;自定义的类型约束应当尽量抽象地描述约束的概念特征(如上文的 hashable)。如果直接使用类型特征会大大降低泛型函数和泛型类型的通用性。

17.5.1　类型约束语法

定义一个类型约束的方法是在泛型声明部分将类型约束写在泛型类型参数名称的后面,用冒号(:)分隔，多个泛型间用逗号（,）分隔，语法格式如下：

```
func someFunction<T: SomeClass, U: SomeProtocol>(someT: T, someU: U) {
    // function body goes here
}
```

上面的代码可以理解为：定义一个 someFunction 的函数，该函数接受两个泛型参数 T 和 U，其中参数 T 必须是 SomeClass 的子类作为类型约束，参数 U 必须遵循 SomeProtocol 协议。

17.5.2　类型约束行为

先引入的函数 findStringIndex：

```
func findStringIndex(array: [String],    valueToFind: String) → Int? {
    for (index,    value) in enumerate(array) {
        if value == valueToFind {
            return index
        }
    }
    return nil
}
```

这个函数是非泛型函数，用与查找字符串在一组字符串组成的数组中的位置，当匹配成功时，函数返回字符串在数组中的索引（Int）。反之则返回 nil，例如：

```
let strings = ["cat"， "dog"， "llama"， "parakeet"， "terrapin"]
if let foundIndex = findStringIndex(strings， "llama") {
    println("The index of llama is \(foundIndex)")
}
// 输出 "The index of llama is 2"
```

继续将 findStringIndex 升级为泛型函数，让它适用于更多的参数类型。根据上面的经验，直接用占位类型 T 替代函数中的 String 即可，函数因为无须返回数组中对应的可选值而是返回该可选值的索引（Int 类型），所以函数的返回值是 Int。

```
func findIndex<T>(array: T[]， valueToFind: T) → Int? {
    for (index， value) in enumerate(array) {
        if value == valueToFind {
            return index
        }
    }
    return nil
}
```

意外的是，这样改写后的程序并不会编译通过，问题出在等式 value == valueToFind 这里，在 Swift 中并不是所有的类型都可以使用等式符（==）比较，特别是针对于自定义的类和结构体，Swift 编译器无法自行判断等于的含义，所以因为等式符的存在，使得 T 并不能代表所有的类型，出现错误。

不过这并不会导致无法定义一个包含等式符的泛型函数，在 Swift 标准库中，存在一个协议 Equatable，该协议要求任何遵循的类型实现等式符（==）和不等符（!=）用于两个该类型间的比较，所有 Swift 内建的基本类型都已经支持 Equatable 协议。

只要是支持 Equatable 的协议的类型都能安全地在 findIndex 中使用，所以我们将 Equatable 作为泛型参数 T 的约束：

```
func findIndex<T: Equatable>(array: T[]， valueToFind: T) → Int? {
    for (index， value) in enumerate(array) {
        if value == valueToFind {
            return index
        }
    }
    return nil
}
```

这样 findIndex 便可以正确编译通过，并可以作用于任何遵循 Equatable 协议的类型中，如 Double 和 String 等：

```
let doubleIndex = findIndex([3.14159， 0.1， 0.25]， 9.3)
// doubleIndex is an optional Int with no value， because 9.3 is not in the array
let stringIndex = findIndex(["Mike"， "Malcolm"， "Andrea"]， "Andrea")
// stringIndex is an optional Int containing a value of 2
```

或多个类型和关联类型间的等价（equality）关系。

下面的例子定义了一个名为 allItemsMatch 的泛型函数，用来检查两个 Container 实例是否包含相同顺序的相同元素。如果所有的元素能够匹配，那么返回一个为 true 的 Boolean 值，反之则为 false。

被检查的两个 Container 可以不是相同类型的容器（虽然它们可以是），但它们确实拥有相同类型的元素。这个需求通过一个类型约束和 where 语句结合来表示：

```
func allItemsMatch<
    C1: Container， C2: Container
    where C1.ItemType == C2.ItemType， C1.ItemType: Equatable>
    (someContainer: C1， anotherContainer: C2) → Bool {

        // 检查两个 Container 的元素个数是否相同
        if someContainer.count != anotherContainer.count {
            return false
        }

        // 检查两个 Container 相应位置的元素彼此是否相等
        for i in 0..<someContainer.count {
            if someContainer[i] != anotherContainer[i] {
                return false
            }
        }

        // 如果所有元素检查都相同则返回 true
        return true

}
```

其中，allItemsMatch 使用了两个参数：someContainer 和 anotherContainer。someContainer 参数是类型 C1，anotherContainer 参数是类型 C2。C1 和 C2 是容器的两个占位类型参数，当函数调用时才会确定具体类型。

在函数名后定义的是类型参数的约束：

（1）C1: Container：代表 C1 必须遵守 Container 协议。

（2）C2: Container：代表 C2 必须遵守 Container 协议。

（3）C1.ItemType== C2.ItemType：代表 C1 中的 ItemType 必须与 C2 中的 ItemType 一致。

（4）C1.ItemTypeEquatable：代表 C1 的 ItemType 必须遵循 Equatable 协议。

其中第三项和第四项作为 where 语句的一部分，写在关键词 where 后面作为参数链的一部分。

allItemsMatch 函数会先检查两个容器中是否含有同样数量的元素，当它们的元素数量不同时，便无须更多的判断，可以直接返回 false。当检查数目相等之后，用 for-in 循环来遍历 someContainer 中的所有元素，并且逐一检查 someContainer 中的元素是否和对应的 anotherContainer 的元素相等，一旦存在不满足的项目则会立即终止循环返回 false。

下面演示了 allItemsMatch 函数运算的过程：

```
var stackOfStrings = Stack<String>()
stackOfStrings.push("uno")
stackOfStrings.push("dos")
stackOfStrings.push("tres")
```

```
var arrayOfStrings = ["uno",  "dos",  "tres"]

if allItemsMatch(stackOfStrings,  arrayOfStrings) {
    println("All items match.")
} else {
    println("Not all items match.")
}
// 输出 "All items match."
```

在上面的代码中，声明了一个用来存储 String 类型的 Stack 单例，然后以此添加三个元素：uno、dos 和 tres，同时也用这三个元素初始化一个数组。即使数组和 Stack 是不同的数值类型，但因为它们都遵循 Container 协议而且其中包含的元素类型值一致，所以可以通过 allItemMatch 函数来对比这两个实例，在这里 allItemsMatch 和预期的一样返回 true 并打印 All items match。

17.8　本章小结

泛型作为 Swift 的重点特性为开发者提供了一种高性能的编程方式，能够提高代码的重用性，并允许开发者编写非常简便的解决方案。

17.9　习题

声明一个泛型函数，将两个含有相同类型元素的数组传入该函数，可以返回两个数组中共同含有的元素组成的数组，即数组的取并集操作。

第 18 章　访问控制

访问控制可以限定在源文件和模块中访问代码的级别，可以隐藏掉一些功能实现的细节，这种机制虽然在内部开发中意义不大，但是在开发 framework 时却十分重要，可以明确地给类、结构体、枚举类型设置访问级别，也可以针对某一个属性、函数、构造器、基本类型、下标索引等设置访问级别协议，也可以被限定在一定范围内使用，包括协议中的全局变量、变量和函数。

 学习要点

➢ 模块和源文件
➢ 访问级别
➢ 访问控制语法

18.1　模块和源文件

Swift 中的访问控制模型基于模块和源文件两个概念。模块可以是 framework 或 App bundle，在 Swift 中可以用 import 关键字将它们引入自己的工程中。当在要实现某个通用的功能或封装一些常用方法时，会将代码打包成 framework。源文件是编写 Swift 代码的文件，一般扩展名为 swift。一个源文件通常对应一个模块，包含一个或多个类，类中又包含函数、属性等类型。

18.2　访问级别

Swift 提供了三种不同的访问级别，这些访问级别相对于源文件中的实体，也对应于源文件所属的模块。

（1）Public：可以访问自己模块或应用中源文件里的任何实体，别人也可以访问引入该模块中源文件里的所有实体。通常情况下，某个接口或 Framework 在可以被任何人使用时，可以将其设置为 public 级别。

（2）Internal：可以访问自己模块或应用中源文件里的任何实体，但是别人不能访问该模块中源文件里的实体。通常情况下，某个接口或 Framework 作为内部结构使用时，可以将其设置为 internal 级别。

（3）Private：只能在当前源文件中使用的实体，称为私有实体。private 级别可以用于隐藏某些功能的实现细节。

Public 为最高级访问级别，Private 为最低级访问级别。

18.2.1　访问级别规则

在 Swift 中，访问级别需要遵循统一的规则。

（1）在将一个变量的级别定义为 public 时，则不能将它的类型定义为 internal 和 private 类型，因为变量此时可以被任何人访问，但类型却不可访问，造成一个可访问的位置类型属性，这样会造成错误。

（2）函数的访问级别也不能高于它所使用的参数类型和返回值类型的访问级别，如果函数的访问级别定义为 public，但所使用的参数或返回值类型定义为 internal 或 private，那么就会造成函数可以调用参数和返回值类型位置，这样也是错误的。

18.2.2　默认访问级别

在 Swift 中，如果不用特定的访问级别关键词（Public，Internal，Private）定义其中的实体，那么它们默认为 Internal 级别。因为在绝大多数情况下，通常是以开发一个 App bundle 为目标，并不需要可以隐藏或者对外开放代码中定义的实体。

18.2.3　单目标应用程序的访问级别

在编写一个单目标应用程序，即所编写的所有代码都只为自身一个程序服务，并不作为模块或者提供给其他应用使用时，不需要明确设置访问级别，直接使用默认的访问级别 internal 即可。

18.2.4　Framework 的访问级别

在开发 Framework 时，需要把一些实体定义为 public 级别，以便其他人导入该 Framework 后可以正常使用其功能。这些被定义为 public 的实体，就是这个 Framework 的 API。

★提 示　Framework 的内部实现细节依然可以使用默认的 internal 级别，也可以定义为 private 级别。只有想将它作为 API 的实体时，才将其定义为 public 级别。

18.3　访问控制语法

可以通过关键词 public、internal、private 来声明实体的访问级别：

```
public class SomePublicClass {}
internal class SomeInternalClass {}
private class SomePrivateClass {}

public var somePublicVariable = 0
internal let someInternalConstant = 0
private func somePrivateFunction() {}
```

在不使用关键词时，实体的默认访问级别为 internal，所以上面的声明中 SomeInternalClass 和 someInternalConstant 无须使用关键词来声明其访问级别，可以改写为：

```
public class SomePublicClass {}
class SomeInternalClass {}
private class SomePrivateClass {}

public var somePublicVariable = 0
let someInternalConstant = 0
private func somePrivateFunction() {}
```

18.4 自定义类型

如果想定义一个有明确访问级别的自定义类型，那么需要保证在新类型中，访问级别和它的作用域相匹配。例如，如果某个类中的属性、函数、返回值它们的作用域仅限于当前的源文件中，那么可以将这个类声明为 private 类，而不需要声明为 public 或 internal。

类的访问级别也会影响其中的类成员（属性，函数，初始化方法等）的访问级别。例如，将类的访问级别声明为 private 类时，这个类中的所有成员的默认访问级别也会变成 private，在将类的访问级别声明为 public 或 internal（或者不声明访问级别）时，那么这个类的所有成员默认级别为 internal。

★ **提示** 一个访问级别为 public 的类的所有成员默认访问级别并不是 public，而是 internal。

在想将某个成员定义为 public 时，必须使用关键词 public 来明确访问级别，这样做的目的是在定义公共接口 API 时，可以明确地选择将哪些属性和方法公开，哪些只需要内部使用，这样便避免了错误地将内部的方法和属性暴露出去。

```
public class SomePublicClass {              // 显示的 public 类
    public var somePublicProperty = 0       // 显示的 public 类成员
    var someInternalProperty = 0            // 隐式的 internal 类成员
    private func somePrivateMethod() {}     // 显示的 private 类成员
}

class SomeInternalClass {                   // 隐式的 internal 类
    var someInternalProperty = 0            // 隐式的 internal 类成员
    private func somePrivateMethod() {}     // 显示的 private 类成员
}

private class SomePrivateClass {            // 显示的 private 类
    var somePrivateProperty = 0             // 隐式的 private 类成员
    func somePrivateMethod() {}             // 隐式的 private 类成员
}
```

18.5 元组类型

元组的访问级别控制比类更为严格，每一个元组的访问级别都遵循元组中最低元素的访问级别。例如，构建一个包含两种不同类型的元组，其中一个类型的访问级别为 internal，另一个访问级别为 private，那么这个元组的访问级别为 private。元组不同于类、结构体、枚举、函数等，元组的访问级别是在它被使用时自动推导而成的，无须明确声明。

18.6 函数类型

函数的访问级别需要根据函数的参数类型的访问级别和返回值类型的访问级别综合得出。当根据参数类型和返回值类型推导得出的函数访问级别不符合上下文时，那么就需要明确地声明这个函数的访问级别。

下面的例子中定义了一个全局函数 someFunction，并没有明确声明它的访问级别：

```
func someFunction() → (SomeInternalClass， SomePrivateClass) {
        // function implementation goes here
}
```

因为并没有看到任何权限级别的关键词，所以推断这个函数的访问级别是 internal，但是按照这种写法，这段代码并不能编译通过。重新审查这个函数的返回值，可以发现它的返回类型是元组，元组中包含两个自定义的类，其中一个类的访问级别是 internal，另一个类的访问级别是 private，根据元组的访问级别规则，我们应该遵循其中访问级别最低的元素，所以这个函数的返回类型的访问级别是 private。

将其声明为 public 或 internal 或者使用默认的访问级别 internal 都是错误的。上面函数正确的写法是应当在 func 前加 private 修饰符：

```
private func someFunction()→ (SomeInternalClass， SomePrivateClass) {
        // function implementation goes here
}
```

18.7 枚举类型

只能为枚举定义访问级别，而枚举的成员的访问级别会和枚举的访问级别一致。

例如，下面的枚举 CompassPoint 被明确地声明为 public 级别，那么它的成员 North、South、East、West 的访问级别同样也是 public：

```
public enum CompassPoint {
        case North
        case South
        case East
        case West
}
```

用于枚举类型的任何原始值或关联值至少要高于枚举的访问级别。不能在一个 internal 访问级别的枚举类型中定义 private 级别的原始值。

18.8 嵌套类型

如果在 private 级别的类型中定义嵌套类型，那么该嵌套类型就自动拥有 private 访问级别。类似类的机制，如果在 public 或者 internal 级别的类型中定义嵌套类型，那么该嵌套类型自动拥有 internal 访问级别。如果想让嵌套类型拥有 public 访问级别，那么需要对该嵌套类型进行明确的访问级别声明。

18.9 子类

子类的访问级别不得高于父类的访问级别，例如，当父类的访问级别是 internal 时，子类的访问级别不能声明为 public，反之可以声明为 private。在满足级别作用域以及不高于父类访问级别的前提下，我们可以重写任意的方法、属性、初始化方法等。

如果无法直接访问某个类中的属性或函数等，那么可以继承该类，从而可以更容易地访问到该类的类成员。在下面的例子中，类 A 的访问级别是 public，它包含一个函数 someMethod，访问级别为 private。类 B 继承类 A，并且访问级别声明为 internal，但是在类 B 中重写了类 A 中访问级别为 private 的方法 someMethod，并重新声明为 internal 级别。通过这种方式，可以访问到某类中 private 级别的类成员，并且可以重新声明其访问级别，以便其他人使用：

```
public class A {
        private func someMethod() {}
}

internal class B: A {
        override internal func someMethod() {}
}
```

只要满足子类不高于父类访问级别以及遵循各访问级别作用域的前提下（即 private 的作用域在同一个源文件中，internal 的作用域在同一个模块下），甚至可以在子类中，用子类成员访问父类成员，哪怕父类成员的访问级别比子类成员的要低：

```
public class A {
    private func someMethod() {}
}

internal class B: A {
        override internal func someMethod() {
            super。someMethod()
    }
}
```

因为父类 A 和子类 B 定义在同一个源文件中，所以在类 B 中可以在重写的 someMethod 方法中调用 super。someMethod()。

18.10　常量、变量、属性、下标

常量、变量、属性不能比它们类型的访问级别更高。例如，当定义一个 public 级别的属性时，这个属性的类型是 private 级别，这会造成其他模块访问这个属性时无法获取这个类型，进而编译器报错。同样，下标也不能拥有比索引类型和返回类型更高的访问级别。

18.11　本章小结

访问控制可以使代码在设计编写之初就有着松耦合的特性，这不仅有利于代码的重用，也有利于在封装静态库时集中精力在使用上，隐藏具体的敏感的细节。

18.12　习题

本章的最后介绍了类、函数、常量、属性、下标等访问级别的作用域，请试着分析构造器、协议和泛型的访问级别。

第19章 高级操作符

在 Swift 中，除了可以使用前面介绍的基本操作符外，也可以使用更复杂的高级操作符，可以完成类似 C 语言中位操作符的功能。不同于 C 语言，Swift 的数值操作默认为不可溢出，溢出行为会被捕获并报告为错误。所以一般使用 Swift 的另一套允许溢出的数值操作符，如可溢出的加号为 &+，所有允许溢出的操作符都是以 & 开头。

在 Swift 中，也可以为自己创建的所有类型定制操作符，该操作适用于任何自定义的结构体、类和枚举类型。

操作符的定制也不限制于已有的操作符，可以自定义前置、中置、后置及赋值操作符，当然还有优先级和结合性。这些操作符在代码中可以像预设的操作符一样使用，也可以扩展已有的类型以支持自定义的操作符。

 学习要点

➢ 位操作符
➢ 溢出操作符

19.1 位操作符

位操作符的操作对象是数据结构中原始数据的每一个比特位，广泛运用于图像处理和设备驱动这类底层开发中。位操作符可以对原始数据进行编码和解码，在与外部设备底层数据交互时常用到它。

19.1.1 按位取反操作符

取反操作符写作~，其作用是将操作数每一位的数据都取反，即 0→1， 1→0，如图 19-1 所示展示了取反的过程：

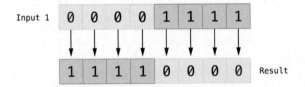

图 19-1 数据按位取反变化过程

这个操作符是前置操作符，所以写在操作数前，前置操作符和操作数前不能有空格。

```
let initialBits: UInt8 = 0b00001111
let invertedBits = ~initialBits    // 等于 0b11110000
```

UInt8 是 8 位无符整型，可以存储 0~255 之间的任意数。这个例子初始化一个整型为二进制值 00001111(前 4 位为 0，后 4 位为 1)，它的十进制值为 15。

使用按位取反操作~对 initialBits 操作，然后赋值给 invertedBits 这个新常量。这个新常量的值等于所有位都取反的 initialBits，即 1 变成 0，0 变成 1，变成了 11110000，十进制值为 240。

19.1.2　按位与操作

与操作符写作&，其作用是将两个操作数逐位进行与预算并返回结果，与运算的逻辑为当两个位上的数都为 1 时才为 1。图 19-2 展示了两个数进行按位与操作的过程：

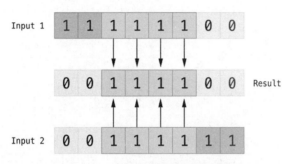

图 19-2　按位与操作时数据变化过程

```
let firstSixBits: UInt8 = 0b11111100
let lastSixBits: UInt8  = 0b00111111
let middleFourBits = firstSixBits & lastSixBits   // 等于 00111100
```

在上面的代码中，firstSixBits 和 lastSixBits 中间 4 个位都为 1。对它们进行按位与运算后，得到的结果为 00111100，即十进制的 60。

19.1.3　按位或操作

或运算符写作，其作用是将两个操作数逐位进行或预算并返回结果，或操作的逻辑为只有当两个操作数对应位置上同时为 0 时，才赋予该位 0，否则为 1。如图 19-3 所示展示了两个数进行按位或操作的过程：

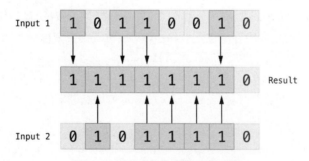

图 19-3　按位或操作时数据变化过程

在如下代码中，someBits 和 moreBits 在不同位上有 1。按位或运行的结果是 11111110，即十进制的 254。

```
let someBits: UInt8 = 0b10110010
let moreBits: UInt8 = 0b01011110
let combinedbits = someBits | moreBits   // 等于 11111110
```

19.1.4　按位异或操作符

异或操作符写作^，其作用是将两个操作数逐位进行异或预算并返回结果，异或运算的逻辑为只有当两个操作数对应位置上不相同时设为 1，相同时设为 0 。如图 19-4 所示展示了两个数进行异或操作的过程：

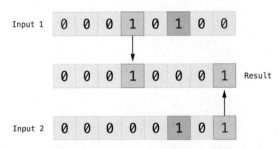

图 19-4　按位异或操作时数据变化过程

在以下代码中，firstBits 和 otherBits 都有一个 1 跟另一个数不同的。所以按位异或的结果是把它这些位置输出为 1，其他都为 0。

```
let firstBits: UInt8 = 0b00010100
let otherBits: UInt8 = 0b00000101
let outputBits = firstBits ^ otherBits    // 等于 00010001
```

19.1.5　按位左移操作符和按位右移操作符

左移操作符写作 <<，右移操作符写作 >>，它们会把一个数的所有比特位按以下定义的规则向左或向右移动指定位数。

按位左移和按位右移的效果相当于把一个整数乘以或除以一个因子为 2 的整数。向左移动一个整型的比特位相当于把这个数乘以 2，向右移一位就是除以 2。

1. 无符整型的移位操作

对于无符号整型，所有的比特位都用于存储数值，所以当使用按位左移操作符和按位右移操作符时，就会有最左或最右的边界的存储位置被移出，对应位置则会空出一个新位置，当这种情况发生时，空白位会用 0 来填充，这种方法叫作逻辑移位。

图 19-5 展示了 11111111 << 1（11111111 向左移 1 位）和 11111111 >> 1（11111111 向右移 1 位）。蓝色的是被移位的，灰色是被抛弃的，橙色的 0 是被填充进来的。

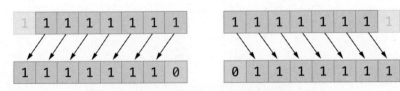

图 19-5　无符号整形的移位操纵

```
let shiftBits: UInt8 = 4      // 即二进制的 00000100
shiftBits << 1              // 00001000
shiftBits << 2              // 00010000
shiftBits << 5              // 10000000
```

```
shiftBits << 6                    // 00000000
shiftBits >> 2                    // 00000001
```

可以使用移位操作进行其他数据类型的编码和解码。

```
let pink: UInt32 = 0xCC6699
let redComponent = (pink & 0xFF0000) >> 16        // redComponent 是 0xCC，  即 204
let greenComponent = (pink & 0x00FF00) >> 8       // greenComponent 是 0x66，  即 102
let blueComponent = pink & 0x0000FF               // blueComponent 是 0x99，  即 153
```

上面这个例子使用了一个名为 pink 的 UInt32 常量来存储层叠样式表 CSS 中粉色的颜色值，CSS 颜色#CC6699 在 Swift 中用十六进制 0xCC6699 来表示。然后使用按位与(&)和按位右移就可以从这个颜色值中解析出红(CC)、绿(66)、蓝(99)三个部分。

对 0xCC6699 和 0xFF0000 进行按位与&操作就可以得到红色部分。0xFF0000 中的 0 遮盖了 0xCC6699 的第二和第三个字节，这样 6699 被忽略了，只留下 0xCC0000。

然后，按向右移动 16 位，即 >> 16。十六进制中每两个字符是 8 比特位，所以移动 16 位的结果是把 0xCC0000 变成 0x0000CC。这和 0xCC 是相等的，就是十进制的 204。

同样的，绿色部分来自于 0xCC6699 和 0x00FF00 的按位操作得到 0x006600，然后向右移动 8 位，得到 0x66，即十进制的 102。

最后，蓝色部分对 0xCC6699 和 0x0000FF 进行按位与运算，得到 0x000099，无须向右移位了，所以结果就是 0x99，即十进制的 153。

2. 有符整型的移位操作

有符号整型会比无符号整型复杂一些，有符号整型会将第一个比特位用于存储这个整型的符号，当第一个比特位为 0 时这个整型为正数，为 1 时整型为负数。其余的比特位用于存储实际值，有符正整型和无符正整型在计算机里的存储结果是一样的。下来是+4 内部的二进制结构。如图 19-6 所示。

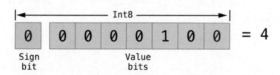

图 19-6　有符号整型+4 的二进制结构

可以看到，第一位符号位是 0，代表这是一个正数， 余下的比特位表示的值为 4。

有符号整型表达负数稍有不同， 负数的数值部分存储的是 2 的 n 次方减去它所表示数值的绝对值，n 为数值位的位数，上图中的例子是一个拥有 8 比特的整形，第一个用于表示符号，所以它共有 7 个数值位，n 等于 7。

下面我们试着表达–4 的二进制结构，如图 19-7 所示。

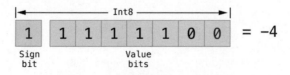

图 19-7　有符号整型–4 的二进制结构

因为是负数，所以将符号位设置为 1，数值位共 7 个，用 2 的 7 次方减去 4，即 128–4 = 124。

负数的这种编码方式叫作二进制补码表示，虽然表达起来比较麻烦，但是有如下几个优点：

（1）只需要将 8 个比特位对齐，标准的二进制加法就可以完成−1+（−4）的操作，自动忽略了加法操作时超过 8 个比特位的信息。

（2）二进制补码的表示方法可以和操作正数一样对负数进行按位左移和右移操作，同样可以达到左移 1 位时乘于 2，右移 1 位时除于 2 的效果。唯一需要注意的是，当对有符号整型进行位移操作时，空白位的填充内容需要和符号位一致，如图 19-8 所示。

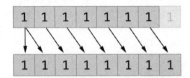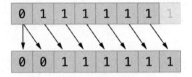

图 19-8　-0 和 128 的二进制存储结构分别进行按位右移后的填充办法

19.2　溢出操作符

在 Swift 中，无法将一个整型常量或变量的值设置为一个超过这个类型边界的数，当编码出现这种错误时，编译器会抛出异常来保证程序的安全。

例如，Int16 的取值范围是−32768～32767，在给 Int16 类型的常量或变量赋予超过这个范围的值时，程序会报错：

```
var potentialOverflowA:Int16 = −32768
//程序通过
var potentialOverflowB:Int16 = −32769
//程序报错
```

在允许对溢出按有效位进行操作时，可以采用溢出运算来避免编译器报错。在 Swift 中，可以使用以下五种&符号开头的溢出操作符：

（1）溢出加法　&+。

（2）溢出减法　&-。

（3）溢出乘法　&*。

（4）溢出除法　&/。

（5）溢出求余　&%。

19.2.1　值的上溢出

变量或常量被赋予的值超出了这个类型存储范围的上边界时，称作值的上溢出。下面的例子展示了将一个无符号值设置为允许上溢出，并使用了溢出加法操作符(&+)。

```
var willOverflow:UInt8 = UInt8。max
// willOverflow 等于 UInt8 的最大整数 255
willOverflow = willOverflow &+ 1
// 此时 willOverflow 等于 0
```

第一行中，先声明了 UInt8 类型的变量 willOverflow，并使用 UInt8 的最大值将其初始化(因为是 8 位无符号类型，所以最大值用二进制法可以表示为 11111111，对应的十进制为 255)。

接下来使用溢出加法(&+)再让 willOverflow 的值增加 1，此时的值 256 会超过 UInt8 类型的承载范围造成上溢出，由于使用了溢出加法(&+)，所以编译器不会报错，此时可以观察到 willOverflow 的值变为了 0，对应的二进制为 00000000。其原因是 256 对应的二进制代码为 10000000，但是 UInt8 的位数只有 8 位，所以只截取了后面的 8 位，如图 19-9 所示。

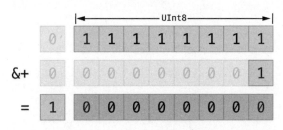

图 19-9　UInt8 类型发生上溢出

19.2.2　值的下溢出

溢出的情况也会出现在类型存储范围的下边界，继续用上面的 UInt8 举例，UInt8 的存储范围是 0～255，即该类型的下边界为 0，当对一个类型为 UInt8 的变量进行溢出减法(&-)继续减 1 时，就会发生值的下溢出。例如：

```
var willUnderflow:UInt8 = UInt8。min
// willUnderflow 等于 UInt8 的最小值 0
willUnderflow = willUnderflow &- 1
// 此时 willUnderflow 等于 255
```

对应二进制的变化如图 19-10 所示。

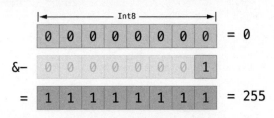

图 19-10　UInt8 类型发生下溢出

有符号整型也存在下溢出的情况，有符号整型所有的减法也都是对包括在符号位在内的二进制数进行二进制减法的。Int8 类型的取值范围最小为 –128，即二进制的 10000000。用溢出减法减去 1 后，变成了 01111111，即 Int8 所能承载的最大整数为 127，如图 19-11 所示。

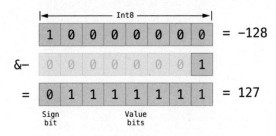

图 19-11　有符号类型 Int8 类型发生下溢出

上面的过程用代码表示为：

```
var signedUnderflow:Int8 = Int8。min
// signedUnderflow 等于最小的有符整数 -128
signedUnderflow = signedUnderflow &- 1
// 此时 signedUnderflow 等于 127
```

19.2.3　除零溢出

一个数除以 0，i / 0，或者对 0 求余数，i % 0，就会产生一个错误。

```
let x = 1
let y = x / 0
```

使用它们对应的可溢出的版本的运算符&/和&%进行除 0 操作时就会得到 0 值。

```
let x = 1
let y = x &/ 0
// y 等于 0
```

19.3　操作符的优先级和结合性

操作符的优先级体现在一些操作符的计算顺序先于其他操作符，优先级高的运算符会先计算。

结合性定义了相同优先级的运算符在一起时是怎么组合或关联的,是和左边的一组还是和右边的一组。即到底是和左边的表达式结合还是和右边的表达式结合。

在混合表达式中，运算符的优先级和结合性是非常重要的。举个例子，为什么下列表达式的结果为 4?

```
2 + 3 * 4 % 5
// 结果是 4
```

如果严格地从左计算到右，计算过程会是这样：

```
2 + 3 = 5
5 * 4 = 20
20 / 5 = 4 余 0
```

但是正确答案是 4 而不是 0。优先级高的运算符要先计算，在 Swift 和 C 语言中，都是先乘除后加减的。所以，执行完乘法和求余运算才能执行加减运算。

乘法和求余拥有相同的优先级，在运算过程中，我们还需要使用结合性，乘法和求余运算都是左结合的。这相当于在表达式中有隐藏的括号让运算从左开始。

```
2 + ((3 * 4) % 5)
```

3 * 4 = 12，所以这相当于：

```
2 + (12 % 5)
```

12 % 5 = 2，所以这又相当于：

```
2 + 2
```

计算结果为 4。

19.4　操作符函数

操作符函数包括中置操作符，前置和后置操作符、组合赋值操作符和比较操作符。

19.4.1　中置操作符

让已有的运算符也可以对自定义的类和结构进行运算，称为运算符重载。下面将为自定义的结构体重载加法操作符（+），让它可以将两个相同类型的结构体相加并返回相应结果，因为加法操作符在两个参数间使用，所以加法操作符属于中置操作符。

下面定义一个二维向量坐标结构体 Vector2D，这个结构体包含两个属性 x 和 y 对应二维坐标上的点，并为这个结构体重载加法操作符，使得两个 Vector2D 结构体可以通过加号(+)相加。

```
struct Vector2D {
    var x = 0.0,   y = 0.0
}
func + (left: Vector2D,   right: Vector2D) -> Vector2D {
    return Vector2D(x: left。x + right。x,   y: left。y + right。y)
}
```

重载函数的参数被命名为了 left 和 right，代表+左边和右边的两个 Vector2D 对象。函数返回了一个新的 Vector2D 的对象，这个对象的 x 和 y 分别等于两个参数对象的 x 和 y 的和。

这个函数是全局的，而不是 Vector2D 结构的成员方法，所以任意两个 Vector2D 对象都可以使用这个中置运算符。

```
let vector = Vector2D(x: 3.0,   y: 1.0)
let anotherVector = Vector2D(x: 2.0,   y: 4.0)
let combinedVector = vector + anotherVector
// combinedVector 是一个新的 Vector2D，  值为 (5.0,   5.0)
```

如图 19-12 所示展示了这个例子实现两个向量（3.0，1.0）和（2.0，4.0）相加，得到向量（5.0，5.0）的过程。

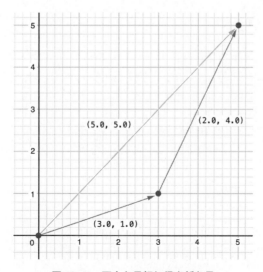

图 19-12　两个向量相加得出新向量

19.4.2 前置和后置操作符

在需要重载标准单目操作符时，需要区分操作符在操作数的相对位置，操作符在操作数之前就是前置的，如-a；操作符在操作数之后就是后置的，如 i++。

实现一个前置或后置操作符时，在定义该操作符的时候需要在关键字 func 之前标注 @prefix 或 @postfix 属性。

```
prefix func - (vector: Vector2D) -> Vector2D {
    return Vector2D(x: -vector.x,    y: -vector.y)
}
```

这段代码为 Vector2D 类型提供了单目减运算-a，prefix 属性表明这是个前置运算符。

对于数值，单目减运算符可以把正数变负数，把负数变正数。对于 Vector2D，单目减运算将其 x 和 y 都进行单目减运算。

```
let positive = Vector2D(x: 3.0,    y: 4.0)
let negative = -positive
// negative  为  (-3.0,   -4.0)
let alsoPositive = -negative
// alsoPositive  为  (3.0,   4.0)
```

```
postfix func ++ (vector: Vector2D) -> Vector2D {
    return Vector2D(x: vector.x+1,    y: vector.y+1)
}
```

这段代码为 Vector2D 类型提供了单目自增运算 i++，postfix 属性表明这是个后置运算符。

对于数值，单目自增运算符可以将数值加 1。对于 Vector2D，单目自增运算符将其 x 和 y 都进行加 1 操作。

```
let position = Vector2D(x: 3.0,    y: 4.0)
let nextPosition = position ++
// nextPosition  为  (4.0,   5.0)
```

19.4.3 组合赋值操作符

组合赋值就是将其他运算符和赋值运算符（=）一起执行的操作。例如，将加法操作符和赋值操作符组合为+=，在实现组合赋值操作符时，需要把运算符的左参数设置成 inout，因为这个参数会在运算符函数内直接修改它的值。

```
func += (inout left: Vector2D,    right: Vector2D) {
    left = left + right
}
```

尝试使用组合赋值操作符并打印结果：

```
var original = Vector2D(x: 1.0,    y: 2.0)
let vectorToAdd = Vector2D(x: 3.0,    y: 4.0)
original += vectorToAdd
// original  现在为  (4.0,   6.0)
```

⭐ **提 示**　1. 赋值操作符(=)不可重载，只有组合操作符才可以重载。

　　　2. 三目条件运算符不可重载。

　　　3. 在Swift1.2版本之前中置操作符，前后置操作符以及组合操作符使用方法略有不同，这里以1.2版为主。

19.4.4　比较操作符

对于自定义的类和结构体，Swift 并不能确定"相等"和"不等"的意义，在这种情况，需要对等于操作符（==）和不等于操作符（!=）进行重载。继续以 Vector2D 为例：

```
func == (left: Vector2D，  right: Vector2D) -> Bool {
    return (left。x == right。x) && (left。y == right。y)
}

func != (left: Vector2D，  right: Vector2D) -> Bool {
    return !(left == right)
}
```

在重载相等操作符（==）函数内部时，分别判断了它们的 x 和 y 是否相等，当它们都相等时返回 true，否则为 false。而在重载不等操作符（!=）时，因为一定重载了相等操作符，所以可以直接使用==来判断 left 和 right 是否相等。

下面使用相等操作符（==）来判断两个 Vector2D 是否相等。

```
let two Three = Vector2D(x: 2。0，  y: 3。0)
let another Two Three = Vector2D(x: 2。0，  y: 3。0)
if two Three == another Two Three {
    println("这两个向量是相等的。")
}
```

19.5　自定义操作符

在前面的章节中，我们已经学会了如何重载一个已有的操作符用于自定义的类型和结构体，那么是否能定义一个独有的操作符用于特殊定义的方法呢?这时可以自定义操作符，自定义操作符一经定义便可以在任何地方运行，它使用关键词 operator 声明。

在 Swift 中，自定义操作符的位置分为三种：

（1）前置操作符：关键词为 prefix，操作符在操作数之前。

（2）中置操作符：关键词为 infix，操作符在两个操作数之间。

（3）后置操作符：关键词为 postfix，操作符在操作数之后。

⭐ **提 示**　自定义操作符使用的字符只能在如下的操作符中：/ = - + * % < > ! & | ^ 。 ~

19.5.1　自定义前置操作符和后置操作符

我们经常使用百分号（%）用于将一个浮点数表示成一个用整形和百分号结合的字符，所以我们用%来作为例子，下面的代码中，我们将%定义为一个后置操作符用来完成百分号数字到浮点数转换操作：

```
postfix operator % {}

postfix func % (percentage: Int) -> Double
{
    return (Double(percentage) / 100)
}
```

在上面的代码中，首先声明了后置独立操作符% postfix operator % {}，然后继续定义操作符%的方法的参数和实体部分，参数为 Int 类型，返回值类型为 Double，在函数体中，将参数强制转换为 Double 类型并除以 100，完成了整数到小数的操作。

基于上面的代码，就可以直接使用百分号（%）完成整型到浮点型的转换操作了：

```
let five Percent = 5%
// five Percent  现在是浮点型并且值为 0.05

let forty Two Percent = 42%
// five Percent  现在是浮点型并且值为 0.42
```

同样也可以将上面的例子改为前置操作符，只需要将对应位置的 postfix 替换为 prefix：

```
prefix operator % {}

prefix func % (percentage: Int) -> Double
{
    return (Double(percentage) / 100)
}
```

使用时也将操作符放在操作数之前：

```
let forty Two PercentFront = %42
// forty Two PercentFront  现在是浮点型并且值为 0.42
```

19.5.2　自定义中置操作符

可以为自定义的中置运算符指定优先级和结合性。可以回头看看优先级和结合性是如何解释这两个因素影响多种中置运算符混合表达式的计算的。

结合性(associativity)可取的值有 left、right 和 none。左结合运算符跟其他优先级相同的左结合运算符写在一起时，会和左边的操作数结合。同理，右结合运算符会跟右边的操作数结合。而非结合运算符不能和其他相同优先级的运算符写在一起。

结合性(associativity)的值默认为 none，优先级(precedence)默认为 100。

下面的例子定义了一个新的中置符+-，是左结合的 left，优先级为 140。

```
operator infix +- { associativity left precedence 140 }
func +- (left: Vector2D,   right: Vector2D) -> Vector2D {
    return Vector2D(x: left。x + right。x,   y: left。y - right。y)
}
let first Vector = Vector2D(x: 1.0,   y: 2.0)
let second Vector = Vector2D(x: 3.0,   y: 4.0)
let plusMinus Vector = firstVector +- secondVector
// plusMinus Vector  此时的值为 (4.0,   -2.0)
```

这个运算符把两个向量的 x 相加，把向量的 y 相减。因为它实际是属于加减运算，所以让它保持了和加法一样的结合性和优先级(left 和 140)。

19.6　本章小结

Swift 不仅提供了类 C 语言中基本的操作符和操作符重载，也支持定义自己独有的操作符来用于完成特定功能，自定义操作符是一把双刃剑，在带来十分强大的功能的同时也让程序的逻辑愈发隐晦，在使用时要尽量定义与字面直观意义相符的功能。

19.7　习题

1. 请写出以下数值的二进制结构和对应的十进制数值。

```
Int8 :  ~0b11010111
UInt8: 0b11010111
UInt8: 0b11010111<<3
```

2. 自定义一个操作符*，该操作符返回操作数的平方并使用泛型使其适用于所有的整型。

第 20 章　SpriteKit 引擎

游戏开发往往要借由引擎，通过引擎我们可以很方便地完成单位碰撞、物理效果等基本的特性，在 XCode 中，可以使用 SpriteKit 和 SceneKit 作为引擎开发 2D 和 3D 游戏，甚至使用更底层的 OpenGLE SE 和 Metal，在这里主要介绍 SpriteKit 的用法和案例。

学习要点

➢ 创建一个游戏工程
➢ 游戏工程的结构
➢ 编译并运行游戏
➢ 分析 Xcode 默认游戏工程代码

20.1　创建一个游戏工程

游戏工程可以用来管理游戏开发时用到的代码和资源，可以通过点击 Xcode 欢迎界面的 Create a new Xcode project 来创建一个新工程，如图 20-1 所示。

图 20-1　Xcode 欢迎界面

也可以在屏幕上面的菜单栏中选择新建一个工程，如图 20-2 所示。

图 20-2　在 Xcode 菜单栏新建工程

在开发一款基于 SpriteKit 引擎的游戏时，需要在工程模板页面选择 Game，如图 20-3 所示。

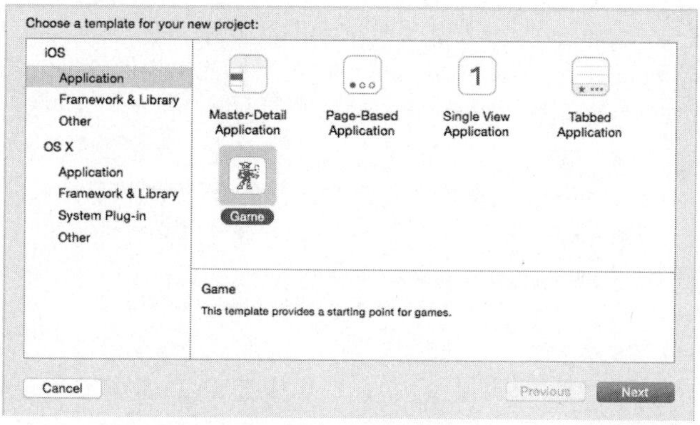

图 20-3　工程模板选择

点击 Next，在工程配置页面中，进一步配置工程的相关参数，如图 20-4 所示。

图 20-4　工程配置界面

在工程配置界面中，可以指定工程的名称、开发者信息和开发者 ID，更重要的是，在这里可以指定开发语言和引擎，将项目名称命名为 MySwiftGame 并将开发语言设置为 Swift，游戏引擎指定为 SpriteKit，配置完成后点击 Next 选择位置存储工程即可，如图 20-5 所示。

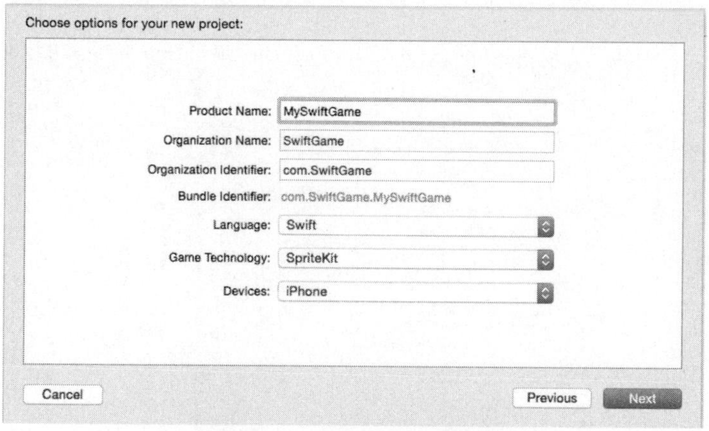

图 20-5　工程配置完成后的页面

20.2　游戏工程的结构

在完成工程创建工作之后，Xcode 会自动打开这个工程的主界面，在界面的左侧可以看到整个工程中默认创建的一些文件和目录，如图 20-6 所示。

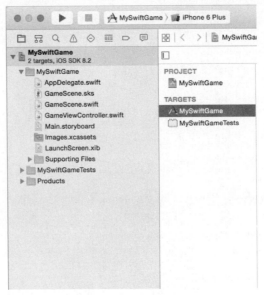

图 20-6　游戏工程结构

在其中可以观察到共有 6 个文件并自动生成，下面逐一介绍。

20.2.1　AppDelegate.swift

AppDelegate.swift 文件主要用于响应应用程序整个生命周期的变化，其默认的代码十分简单，只有 6 个方法：

```
@UIApplicationMain
class AppDelegate: UIResponder,    UIApplicationDelegate {

    var window: UIWindow?

    func application(application: UIApplication,    didFinishLaunchingWithOptions launchOptions: [NSObject:
AnyObject]?) -> Bool {
//当程序启动后调用
        return true
    }

    func applicationWillResignActive(application: UIApplication) {
     //当程序进入挂起模式时调用，例如来电等事件。
    }

    func applicationDidEnterBackground(application: UIApplication) {
     //当程序进入后台后调用
    }
```

```
func applicationWillEnterForeground(application: UIApplication) {
  //当程序从后台返回时调用
}

func applicationDidBecomeActive(application: UIApplication) {
  //当程序被激活时调用
}

func applicationWillTerminate(application: UIApplication) {
  //当程序被退出之前调用
  }
}
```

可以看出，在 AppDelegate.swift 中，可以监听到程序在运行过程发生的各种变化。在游戏开发中，会经常使用到上面的这些内容。例如，在 didFinishLaunchingWithOptions 方法中初始化游戏的基本数据，当游戏被电话等中断时，需要在 applicationWillResignActive 中为用户暂停进度。当程序退出时，需要保证用户的数据被妥善保存，所以会在 applicationWillTerminate 中将用户的游戏信息存储起来。

20.2.2　GameScene.sks

GameScene.sks 类似于 iOS 开发中的 xib 或 nib，本质上就是游戏的场景编辑器，可以通过它很直观地为游戏中的一个场景添加一个元素，在默认工程中包含一个飞船元素，可以在工程的右下方的元素库中找到它，如图 20-7 所示。

可以直接将它拖拽到场景中，并调整它的大小和方向等，如图 20-8 所示。

图 20-7　元素库中的飞船

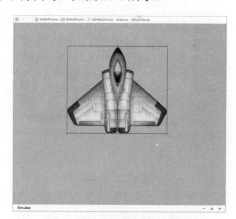

图 20-8　场景编辑器中加入飞船

虽然这是一种很简单的办法，在开发程序时更推荐用代码来构建每一个元素，这样可以更方便地控制游戏中每一部分内容的生存和消亡。

20.2.3　GameScene.swift 和 GameViewController.swift

GameScene.swift 文件用于编写游戏场景中的具体内容，所有的游戏元素都会在场景中显示，一般会创建多个场景来用于游戏中的不同界面，所以会用 GameViewController.swift 来控制配置场景和管理场景，其中具体的代码会在后续的小节中介绍。

20.2.4 其他文件

项目默认还有一些额外的文件，如用于定制启动画面的 LaunchScreen.xib 和配置程序 UI 的 Main.storyboard，这些暂时并不需要详细了解。前面内容提到的飞船的源文件可以在 Images.xcassets 中找到，Images.xcassets 实际是一个图像的集合，用于管理程序中的图标、游戏切图等一切图像资源。

20.3 编译并运行游戏

在使用模板创建游戏工程时，Xcode 会默认预制一些代码，这些代码会构成一个简单的游戏，便于新手理解工程的运行机制。在编译并运行一个工程时可以使用界面上左上角的"播放"按钮，如图 20-9 所示。

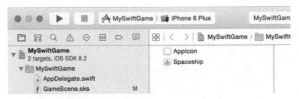

图 20-9 使用界面按钮运行一个窗口

也可以使用快捷键来完成这项功能，该快捷键的组合方式为 command+R。

在开始编译并运行这个项目后，界面会弹出一个已选择的 iPhone 模拟器，如图 20-9 所示。这里选择的模拟器为 iPhone 6 Plus，不同的模拟器会对应不同的尺寸比例，可以使用 command+1/2/3 调整模拟器显示比例。模拟器弹出之后，游戏工程也随之运行，经过短暂的开机画面我们便可以看到这个游戏的第一个界面，如图 20-10 所示。

这个界面共有两个内容，一个是屏幕正中的文字内容"Hello, World"，另一个便是屏幕右下角的当前场景的节点数和刷新频率。当在使用光标或者鼠标点击屏幕后，点击的位置便会出现一个不断旋转的飞船，可以观察到，随着点击而生的飞船不断增加，屏幕的下方信息也会实时更新。如图 20-11 所示。

★提示 fps 即每秒传输帧数(Frames Per Second)，用于测量当前动画的渲染帧数，当 fps 越高时现实的动画便会越流畅，人眼接受的流畅的帧数为 30fps 左右。如果是使用模拟器来运行游戏，要格外注意这个 fps 只是用电脑的硬件渲染的结果，在不同的真实设备中可能会有很大出入。如图 20-11 所示。

图 20-10 默认游戏工程的第一个界面

图 20-11 点击屏幕后的游戏界面

20.4　分析 Xcode 默认游戏工程代码

默认游戏工程的效果虽然十分简陋，但是提供了一个基本的开发思路，下面继续分析其中的程序结构。

20.4.1　程序的第一个场景

场景在 SpriteKit 中的意义是在游戏中的一个视图，这个视图可以包含游戏中要展示的内容，按照使用功能的不同，可以用来显示菜单、游戏主页面、游戏结束画面等。场景所使用的类为 SKScene。SpriteKit 为我们在其中实现了绝大多数功能。

在下面的案例程序中，这个场景被编写在文件 GameScene.swift 中，点击这个文件，可以看到其中仅有寥寥数行代码：

```
import SpriteKit
//引入 SpriteKit 头文件

class GameScene: SKScene {
    override func didMoveToView(view: SKView) {

        let myLabel = SKLabelNode(fontNamed:"Chalkduster")
        //创建一个文字标签并制定字体
        myLabel.text = "Hello，World!";
        //指定文字标签的内容
        myLabel.fontSize = 65;
        //指定文字标签展示的文字大小
        myLabel.position = CGPoint(x:CGRectGetMidX(self.frame)，y:CGRectGetMidY(self.frame));
        //指定文字标签在屏幕中的位置
        self.addChild(myLabel)
        //将文字标签添加到这个场景中
    }

    override func touchesBegan(touches: NSSet，withEvent event: UIEvent) {

        for touch: AnyObject in touches {
            //遍历所有点击事件
            let location = touch.locationInNode(self)
            //获取一个点击事件发生时的屏幕坐标
            let sprite = SKSpriteNode(imageNamed:"Spaceship")
            //创建一个精灵类
            sprite.xScale = 0.5
            sprite.yScale = 0.5
            sprite.position = location
            //制定精灵类的
            let action = SKAction.rotateByAngle(CGFloat(M_PI)，duration:1)
            //创建一个动作
            sprite.runAction(SKAction.repeatActionForever(action))
            //将动作制定给精灵
            self.addChild(sprite)
            //将精灵作为一个节点添加到场景中
```

```
        }
    }

    override func update(currentTime: CFTimeInterval) {
        //每一帧被渲染后会调用此方法
    }
}
```

类 GameScene 继承自 SpriteKit 中的 SKScene，它重载了三个方法：

```
override func didMoveToView(view: SKView)
override func touchesBegan(touches: NSSet,   withEvent event: UIEvent)
override func update(currentTime: CFTimeInterval)
```

（1）didMoveToView 方法：会在这个场景类被展示后立刻执行，类似于 Objective-C 中的 viewDidLoad，我们会在这里对这个场景进行一些初始化工作。在实例中可以看到，先用 SKLableNode 创建了一个文字标签的节点，并且为这个节点的文字和展示属性进行了设置，最后将它作为一个子节点添加到场景中。

（2）touchesBegan 方法：用于响应点击操作，通过重写该方法，便可以在场景中有点击操作时获取到点击的位置，需要注意的是，因为 iOS 支持多点触摸(在模拟器中可以使用长按 option 键来模拟两点触摸)，所以此时在这个方法的参数中，我们获取到的是一个点击事件组成的集合，所以我们需要用循环来获取其中每一个事件，在循环体中我们用 Spaceship 创建了一个精灵，并且赋予给它一个旋转动画，最后再添加到场景中。

（3）update 方法：其中并没有代码，这是在未来开发中经常用到的方法，这个方法会在每一帧渲染后调用，应避免在这里编写消耗计算资源的内容。

20.4.2 视图控制器

视图控制器是一个用来控制场景生灭和切换的类，任何 iOS 程序都需要一个根视图控制器，根视图控制器就是一个程序的入口，用来切换各个功能。

下面实例中的视图控制器为 GameViewController.swift，这个类也同样包含了一些基本代码：

```
class GameViewController: UIViewController {

    override func viewDidLoad() {
        super.viewDidLoad()

        if let scene = GameScene.unarchiveFromFile("GameScene") as? GameScene {
            // 创建一个场景
            let skView = self.view as SKView
            // 获取当前的视图
            skView.showsFPS = true
            // 设置显示当前视图的 FPS
            skView.showsNodeCount = true
            // 设置显示当前视图的节点数
            skView.ignoresSiblingOrder = true
            // 设置内容的绘制顺序
            scene.scaleMode = .AspectFill
            // 设置场景的缩放模式
```

```
            skView.presentScene(scene)
            // 在视图中展示这个场景
        }
    }

    override func shouldAutorotate() -> Bool {
        // 是否支持屏幕旋转
        return true
    }

    override func supportedInterfaceOrientations() -> Int {
        if UIDevice.currentDevice().userInterfaceIdiom == .Phone {
            return Int(UIInterfaceOrientationMask.AllButUpsideDown.rawValue)
        } else {
            return Int(UIInterfaceOrientationMask.All.rawValue)
        }
    }

    override func didReceiveMemoryWarning() {
        super.didReceiveMemoryWarning()
    }

    override func prefersStatusBarHidden() -> Bool {
        return true
    }
}
```

类 GameViewController 继承自 UIKit 中的 UIViewController，主要重载了 viewDidLoad 方法。

viewDidLoad 方法在控制器被第一次展示时调用，通常会在这里进行基本的初始化工作。在实例中，在这里获取了对应的场景对象，并且设置相关的属性，最后将它展示出来。

在其他被重载的方法中，设置了一些屏幕相关的基本参数，如 shouldAutorotate 控制屏幕是否支持旋转，supportedInterfaceOrientations 指定支持的屏幕方向，以及 prefersStatusBarHidden 确定是否隐藏状态栏等。

20.5 本章小结

本章学习了如何创建一个 Swift 游戏工程，并分析了其中的代码，是从基础的 Swift 语言迈向实际开发的第一步。这个过程中我们会接触到很多 SpriteKit 中提供的类和方法，多加了解和使用有助于加深对后续代码的理解。

20.6 习题

1. 尝试改变实例中飞船的旋转速度和方向。
2. 创建一个新的工程，并将飞船的素材替换为其他内容。
3. 熟悉 Xcode 的其他功能与快捷键。

第 21 章　进击的小鸟——Flappybird 实战

Flappybird 是风靡全球的手机游戏，它以一个简单的游戏逻辑和近乎残酷的游戏难度在每个玩家心中留下不可磨灭的印象，本章以重新实现一个 Flappybird 为目标，帮助大家进一步理解 Swift 游戏开发。

学习要点

➢ 游戏逻辑
➢ 准备工作
➢ 创建一个世界
➢ 添加一个小鸟
➢ 生成管道
➢ 碰撞检测
➢ 分数统计和重新开始游戏

21.1　游戏逻辑

在开发之前，我们以开发者的思路重新梳理 Flappybird 的游戏逻辑，首先正中屏幕有一只小鸟，这个小鸟会受重力影响不断下落，我们需要在小鸟落地之前不断点击屏幕让它飞起。在飞行过程中，会不断地穿过水管，每穿过一组水管，会增加 1 分，直到小鸟落地或撞击水管。

将要完成的效果如图 21-1 和图 21-2 所示。

图 21-1　游戏运行画面

图 21-2　游戏结束画面

21.2　准备工作

　　创建一个全新的工程作为新游戏的基础。在开始写代码之前，要保证所有的资源已经被正确地导入到工程中，首先需要一组帧动画来实现小鸟的飞翔动作，另外还需要管道、背景还有地面的贴图，将它们导入到 Images.xcassets 中。这些都可以在本书的资源页面下载到。

　　添加完成后的 Images 包内容如右图 21-3 所示。

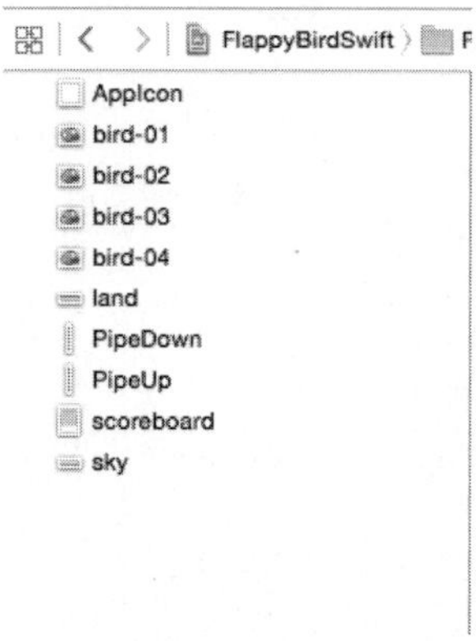

图 21-3　添加内容后的 Images.xcassets

21.3　创建一个世界

　　先删除默认工程中 GameScene.swift 示例工程实现的代码，然后为这个类添加新的内容：

```swift
class GameScene: SKScene {

var skyColor:SKColor!
var moving:SKNode!


var pipeTextureUp:SKTexture!
var pipeTextureDown:SKTexture!
var movePipesAndRemove:SKAction!

var score = NSInteger()

override func didMoveToView(view: SKView) {
skyColor = SKColor(red: 81.0/255.0,　green: 192.0/255.0,　blue: 201.0/255.0,　alpha: 1.0)
self.backgroundColor = skyColor
// 设置背景颜色

moving = SKNode()
self.addChild(moving)
//创建一个移动的节点

let groundTexture = SKTexture(imageNamed: "land")
groundTexture.filteringMode = SKTextureFilteringMode.Nearest
// 创建一个地面的纹理

let moveGroundSprite = SKAction.moveByX(-groundTexture.size().width * 2.0,　y: 0,　duration:
NSTimeInterval(0.02 * groundTexture.size().width * 2.0))
//创建一个平移地面精灵的动作

let resetGroundSprite = SKAction.moveByX(groundTexture.size().width * 2.0,　y: 0,　duration: 0.0)
// 创建一个将地面精灵位置还原的动作

let moveGroundSpritesForever = SKAction.repeatActionForever(SKAction.sequence([moveGroundSprite,
resetGroundSprite]))
```

```
// 创建一个无限循环的的动作，组合上面的两个动作达到不断移动的效果

for var i:CGFloat = 0; i < 2.0 + self.frame.size.width / ( groundTexture.size().width * 2.0 ); ++i {
let sprite = SKSpriteNode(texture: groundTexture)


sprite.setScale(2.0)
sprite.position = CGPointMake(i * sprite.size.width,    sprite.size.height / 2.0)
//设置地面精灵的位置，注意在 SpriteKit 中坐标系原点在屏幕左下角
sprite.runAction(moveGroundSpritesForever)
//将精灵设置为我们已经创建好的循环动作
moving.addChild(sprite)
//对应屏幕的宽度生成 n 个地面精灵用于填充屏幕下方区域
}


let skyTexture = SKTexture(imageNamed: "sky")
skyTexture.filteringMode = SKTextureFilteringMode.Nearest
// 创建一个天空的纹理

let moveSkySprite = SKAction.moveByX(-skyTexture.size().width * 2.0,    y: 0,    duration: NSTimeInterval(0.1 *
skyTexture.size().width * 2.0))
//创建一个平移天空精灵的动作
let resetSkySprite = SKAction.moveByX(skyTexture.size().width * 2.0,    y: 0,    duration: 0.0)
// 创建一个将天空精灵位置还原的动作
let moveSkySpritesForever = SKAction.repeatActionForever(SKAction.sequence([moveSkySprite，resetSkySprite]))
// 创建一个无限循环的的动作，组合上面的两个动作达到不断移动的效果

for var i:CGFloat = 0; i < 2.0 + self.frame.size.width / ( skyTexture.size().width * 2.0 ); ++i {
let sprite = SKSpriteNode(texture: skyTexture)
sprite.setScale(2.0)
sprite.zPosition = -20
//因为我们期望天空作为远一层的背景，所以我们将天空精灵的坐标向后移 20
sprite.position = CGPointMake(i * sprite.size.width,    sprite.size.height / 2.0 + groundTexture.size().height * 2.0)
sprite.runAction(moveSkySpritesForever)
moving.addChild(sprite)
}
}


override func touchesBegan(touches: NSSet，    withEvent event: UIEvent) {


}

override func update(currentTime: CFTimeInterval) {
}
}
```

通过上面的代码，创建了一个节点 moving，这个节点主要管理所有会左右移动的精灵，进而创建了地面和天空的相关纹理和动作，这里需要注意的是，为了尽可能地模仿视差效果（即近处的物体移动得快，远处的移动得慢，让人眼觉得内容有立体感），要将天空背景和地面背景分开实现，这样可以分别设置他们的位移速度。

现在我们编译这个新程序，可以看到一个像素风的世界已经在我们手中诞生了，如图 21-4 所示，接下来继续为这里添加新的内容。

图 21-4　一个会移动有视差效果的游戏背景

21.4　添加一个小鸟

下面将为小鸟编写代码，在这里会涉及物理引擎和单位碰撞等内容。

21.4.1　一个由帧动画组成的精灵

在资源准备章节，我们为小鸟准备了几张帧动画，基于这些资源可以创建一个会动的精灵，在 didMoveToView 方法中先声明两个帧动画的纹理：

```
let birdTexture1 = SKTexture(imageNamed: "bird-01")
birdTexture1.filteringMode = SKTextureFilteringMode.Nearest
let birdTexture2 = SKTexture(imageNamed: "bird-02")
birdTexture2.filteringMode = SKTextureFilteringMode.Nearest
```

接下来将上面两个纹理组成一个动画，设置它们的速度为每秒 5 帧并无限重复：

```
let anim = SKAction.animateWithTextures([birdTexture1,　birdTexture2],　timePerFrame: 0.2)
let flap = SKAction.repeatActionForever(anim)
```

最后可以声明这个小鸟精灵，并且设置相关的位置和准备好的动画，添加到屏幕上，注意，为了方便在后续获取小鸟精灵，会在类中声明一个属性用来保存它：

```
var bird:SKSpriteNode!
```

然后在 didMoveToView 方法中添加代码：

```
let birdTexture1 = SKTexture(imageNamed: "bird-01")
birdTexture1.filteringMode = SKTextureFilteringMode.Nearest
```

```
let birdTexture2 = SKTexture(imageNamed: "bird-02")
birdTexture2.filteringMode = SKTextureFilteringMode.Nearest

let anim = SKAction.animateWithTextures([birdTexture1， birdTexture2， timePerFrame: 0.2)
let flap = SKAction.repeatActionForever(anim)

bird = SKSpriteNode(texture: birdTexture1)
bird.setScale(2.0)
bird.position = CGPoint(x: self.frame.size.width * 0.35， y:self.frame.size.height * 0.6)
bird.runAction(flap)
self.addChild(bird)
```

　　完成以上的代码，我们可以得到一个在屏幕上一直飞翔的小鸟，怎么样，看起来很酷吧！如图 21-5 所示。

图 21-5　会飞翔的小鸟

21.4.2　让小鸟自由落体

　　根据前面的逻辑分析，需要让小鸟受"重力"的影响自由落体，基于 SpriteKit 这变得很容易实现，无须我们像之前开发游戏那样自己实现一个算法来控制精灵的下落。首先我们需要制定这个游戏世界的重力方向：

```
self.physicsWorld.gravity = CGVectorMake(0.0， -0.5)
```

　　通过观察重力参数的数据结构，发现重力甚至可以不是竖直向下的，重力方向一般会作用于这个场景的所有类型，一般会在程序最开始的地方就指定好。

　　接下来需要设置小鸟也遵循这个世界的物理守则：

```
bird.physicsBody = SKPhysicsBody(circleOfRadius: bird.size.height / 2.0)
bird.physicsBody?.dynamic = true
bird.physicsBody?.allowsRotation = false
```

　　在其中先给小鸟精灵赋予一个物理的实体，进而通过设置这个实体遵守物理规则来让它自由下落，赶紧编译看看效果吧。

21.4.3 与地面碰撞

经过上面的内容，可以实现一个向下滑翔的小鸟，但是这个小鸟会持续向下飞出屏幕，并不会如之前预想的那样会碰撞在地面上。为了实现这个效果，继续为小鸟和地面添加一个碰撞属性。

在设计碰撞的游戏时，通常会为每一个可能发生碰撞的精灵类型指定一个独一无二的 32 位掩码，每当一个潜在的交互发生时，每个主体的类别掩码针对其他主体的接触和碰撞掩码进行测试。通过对两个掩码进行逻辑与运算来执行这些测试。如果结果是一个非零数，则该交互发生。

这里先在类的属性定义部分分别为小鸟、地面、管道、计分点设置掩码：

```
let birdCategory: UInt32 = 1 << 0
let worldCategory: UInt32 = 1 << 1
let pipeCategory: UInt32 = 1 << 2
let scoreCategory: UInt32 = 1 << 3
```

接着为小鸟的接触和碰撞赋值：

```
bird.physicsBody?.categoryBitMask = birdCategory
bird.physicsBody?.collisionBitMask = worldCategory | pipeCategory
bird.physicsBody?.contactTestBitMask = worldCategory | pipeCategory
```

然后创建一个新的刚体 ground，并将 ground 的范围指定为陆地的范围：

```
var ground = SKNode()
ground.position = CGPointMake(0， groundTexture.size().height)
ground.physicsBody = SKPhysicsBody(rectangleOfSize: CGSizeMake(self.frame.size.width，
groundTexture.size().height * 2.0))
ground.physicsBody?.dynamic = false
ground.physicsBody?.categoryBitMask = worldCategory
self.addChild(ground)
```

ground 虽然作为一个刚体，但是它并不会和小鸟一样遵守物理规则向下自由落体，原因是将这个刚体的属性 dynamic 设定为 false。

此时，可以继续编译，并观察当前的游戏效果，如图 21-6 所示。

图 21-6 小鸟碰撞陆地后不再下降，继续滑行

21.4.4　通过点击让小鸟上升

下面将通过重载这个方法来完成对点击事件的响应，给小鸟添加一个向上的"升力"。完成后的代码如下。

```
override func touchesBegan(touches: NSSet，  withEvent event: UIEvent) {
  if moving.speed > 0   {
for touch: AnyObject in touches {
let location = touch.locationInNode(self)

bird.physicsBody?.velocity = CGVectorMake(0，  0)
bird.physicsBody?.applyImpulse(CGVectorMake(0，  30))

  }
}
}
```

这里重点的代码只有两句：

```
bird.physicsBody?.velocity = CGVectorMake(0，  0)
bird.physicsBody?.applyImpulse(CGVectorMake(0，  30))
```

在第一句中先将小鸟的速度设置为 0，阻止了小鸟继续下落的速度叠加。

在第二句中，给小鸟一个向上的瞬时速度，这样就会造成一个向上飞的动作。

21.4.5　随着速度上下俯仰

如果玩过原版的游戏，一定记得小鸟的头部会随着向上飞翔和俯冲而上下摆动，这个效果实际是通过小鸟精灵在数值方向的速度变化而产生的。可以使用下面的方法实现：

```
func clamp(min: CGFloat，  max: CGFloat，  value: CGFloat) -> CGFloat {
if( value > max ) {
    return max
    } else if( value < min ) {
    return min
    } else {
    return value
    }
}
override func update(currentTime: CFTimeInterval) {

bird.zRotation = self.clamp( -1，  max: 0.5，  value: bird.physicsBody!.velocity.dy * ( bird.physicsBody!.velocity.dy <
0 ? 0.003 : 0.001 ) )
}
```

在 update 方法中，在每一帧生成时计算当前小鸟在竖直方向上的速度并通过 clamp 方法将这个结果设置了最大值和最小值，以免小鸟的头部摆动得太过剧烈。最后将这个数值赋值给 zRotation 属性，这个属性用于描述这个精灵在绕 z 轴（即垂直于屏幕方向的轴）上的旋转角度。

完成以上的代码后，便可以得到一个更加活泼的小鸟，如图 21-7 所示。

图 21-7　可以上升时抬起头部的小鸟

21.5　生成管道

管道是这个游戏的精髓所在，下面来编写一个生成管道的方法，其思路是先生成一对管道，然后通过反复调用这个方法来创造更多的管道，实现的方法如下：

```
func spawnPipes() {
let pipePair = SKNode()
//生成一个节点用于管理一对管道
pipePair.position = CGPointMake( self.frame.size.width + pipeTextureUp.size().width * 2,  0 )
//设置这个管道的起始位置在屏幕最右侧
pipePair.zPosition = -10
//我们期望这个节点在陆地(0)和小鸟(0)的后面，但要在背景(-20)之前

let height = UInt32( self.frame.size.height / 4 )
let y = arc4random() % height + height
//通过随机方法创建一个随机的管道高度

let pipeDown = SKSpriteNode(texture: pipeTextureDown)
pipeDown.setScale(2.0)
pipeDown.position = CGPointMake(0.0,   CGFloat(y) + pipeDown.size.height + 150.0)
//创建下管道并指定位置

pipeDown.physicsBody = SKPhysicsBody(rectangleOfSize: pipeDown.size)
pipeDown.physicsBody?.dynamic = false
pipeDown.physicsBody?.categoryBitMask = pipeCategory
pipeDown.physicsBody?.contactTestBitMask = birdCategory
pipePair.addChild(pipeDown)
//指定下管道的物理属性，并指定碰撞属性(categoryBitMask)和与什么类型精灵发生碰撞时调用委托
(contactTestBitMask)

let pipeUp = SKSpriteNode(texture: pipeTextureUp)
pipeUp.setScale(2.0)
```

```
pipeUp.position = CGPointMake(0.0，  CGFloat(y))

pipeUp.physicsBody = SKPhysicsBody(rectangleOfSize: pipeUp.size)
pipeUp.physicsBody?.dynamic = false
pipeUp.physicsBody?.categoryBitMask = pipeCategory
pipeUp.physicsBody?.contactTestBitMask = birdCategory
pipePair.addChild(pipeUp)
//创建上管道

var contactNode = SKNode()
contactNode.position = CGPointMake( pipeDown.size.width + bird.size.width / 2，  CGRectGetMidY( self.frame ) )
contactNode.physicsBody = SKPhysicsBody(rectangleOfSize: CGSizeMake( pipeUp.size.width，
self.frame.size.height ))
contactNode.physicsBody?.dynamic = false
contactNode.physicsBody?.categoryBitMask = scoreCategory
contactNode.physicsBody?.contactTestBitMask = birdCategory
pipePair.addChild(contactNode)
//创建一个用于检测小鸟是否通过该组管道的节点

pipePair.runAction(movePipesAndRemove)
pipes.addChild(pipePair)
//执行预设的动画并将管道添加到屏幕

}
```

这样就可以通过这个方法来不断生成管道，类似于生成地面和背景，在方法 didMoveToView 中可以添加一些代码做为定时器来自动调用 spawnPipes：

```
pipes = SKNode()
moving.addChild(pipes)

pipeTextureUp = SKTexture(imageNamed: "PipeUp")
pipeTextureUp.filteringMode = SKTextureFilteringMode.Nearest
pipeTextureDown = SKTexture(imageNamed: "PipeDown")
pipeTextureDown.filteringMode = SKTextureFilteringMode.Nearest

let distanceToMove = CGFloat(self.frame.size.width + 2.0 * pipeTextureUp.size().width)
// 每个管道的位移距离
let movePipes = SKAction.moveByX(-distanceToMove，y:0.0，duration:NSTimeInterval(0.01 * distanceToMove))
// 定义移动管道的动作
let removePipes = SKAction.removeFromParent()
// 定义将管道从屏幕移除的动作
movePipesAndRemove = SKAction.sequence([movePipes，  removePipes])
// 将两个动作组合

let spawn = SKAction.runBlock({() in self.spawnPipes()})
//创建一个生成管道的闭包
let delay = SKAction.waitForDuration(NSTimeInterval(2.0))
//定义一个延迟时间
let spawnThenDelay = SKAction.sequence([spawn，  delay])
// 组合后为一个调用闭包内容后延迟 2 秒的操作
```

```
let spawnThenDelayForever = SKAction.repeatActionForever(spawnThenDelay)
// 无限重复上面生成的组合内容
self.runAction(spawnThenDelayForever)
// 启动定时器，类似于 Objective-C 中的 NSTimer
```

　　这样便得到了一个无敌版的 Flappy Bird。此时的游戏并不会因为小鸟撞击到管子或者陆地而结束，如图 21-8 所示。

图 21-8　无敌版 Flappy Bird

21.6　碰撞检测

　　下面继续实现小鸟发生碰撞之后的程序内容。首先要为所在的场景类 GameScene 继承物理引擎代理类 SKPhysicsContactDelegate，这个代理类中包含一个方法 didBeginContact，当实现这个方法时，各个单位间碰撞的信息也会随之得到，这便是一个游戏引擎提供的完善功能。

　　下面是 didBeginContact 方法的实现细节：

```
func didBeginContact(contact: SKPhysicsContact) {
    if moving.speed > 0 {
        if ( contact.bodyA.categoryBitMask & scoreCategory ) ==                    scoreCategory ||
( contact.bodyB.categoryBitMask & scoreCategory ) == scoreCategory {
                //当两个碰撞的物体其中一个掩码为 scoreCategory 时，即可确定是小鸟通过了管道间的空
隙

        } else {
                //否则可以确定小鸟撞到了地面或者管道，游戏结束
                moving.speed = 0

        }
    }
}
```

加入了碰撞检测之后，便可以在小鸟发生失败碰撞之后将运动停止，即 moving.speed = 0，如图 21-9 所示。

图 21-9　碰撞管道后游戏画面停止

21.7　分数统计和重新开始游戏

通过前面的努力，我们基本实现了 Flappy Bird，但是一个完整的游戏还需要很多辅助功能，如分数统计和重新开始下一轮游戏。

21.7.1　分数统计

在上一章中的示例分析中，我们了解到在一个场景中可以声明一个文字标签来展示文字内容，在这里也可以同样的方法来创建一个文字标签实时显示当前分数。

在 GameScene 的属性定义中添加一个 SKLabelNode 属性：

```
var scoreLabelNode:SKLabelNode!
```

然后在 didMoveToView 中添加这个属性的相关定义并添加到屏幕中：

```
score = 0
scoreLabelNode = SKLabelNode(fontNamed:"MarkerFelt-Wide")
scoreLabelNode.position = CGPointMake( CGRectGetMidX( self.frame ),   3 * self.frame.size.height / 4 )
scoreLabelNode.zPosition = 100
scoreLabelNode.text = String(score)
self.addChild(scoreLabelNode)
```

这样便拥有了一个文字标签用来展示分数。接下来为了在游戏中得到实时数据，需要在 didBeginContact 中做一些小改动。

```
func didBeginContact(contact: SKPhysicsContact) {
    if moving.speed > 0 {
        if ( contact.bodyA.categoryBitMask & scoreCategory ) == scoreCategory ||
( contact.bodyB.categoryBitMask & scoreCategory ) == scoreCategory {
            score++
```

```
                scoreLabelNode.text = String(score)
                //更新 score 的值并实时更新到文字标签
                scoreLabelNode.runAction(SKAction.sequence([SKAction.scaleTo(1.5,
duration:NSTimeInterval(0.1)),    SKAction.scaleTo(1.0,    duration:NSTimeInterval(0.1))]))
                    //为 scoreLabelNode 添加一个动画，每次更新时会弹跳一次
            } else {

                moving.speed = 0

            }
}
```

这样我们很简单地就拥有了一个实时更新数据的记分牌如图 21-10、图 21-11 所示。

图 21-10 游戏获得 1 分

图 21-11 游戏获得 3 分

21.7.2 重新开始游戏

在一次游戏失败之后，需要能马上开始一轮新的游戏，简单地说，可以判断 moving 的速度是否为零，当 moving 的速度为零时，可以通过点击屏幕调用 resetScene 方法，这样游戏便获得重置。

首先在类中声明一个布尔类型的属性 canRestart，用来做游戏状态的检测：

```
var canRestart = false
```

然后定义方法 resetScene：

```
func resetScene (){
    bird.position = CGPointMake(self.frame.size.width / 2.5,    CGRectGetMidY(self.frame))
    bird.physicsBody?.velocity = CGVectorMake( 0，  0 )
    bird.speed = 1.0
    bird.zRotation = 0.0

    pipes.removeAllChildren()

    canRestart = false

    score = 0
```

```
    scoreLabelNode.text = String(score)

    moving.speed = 1
}
```

同时将 touchBegan 方法修改为：

```
override func touchesBegan(touches: NSSet，  withEvent event: UIEvent) {

    if moving.speed > 0    {
        for touch: AnyObject in touches {
            let location = touch.locationInNode(self)

            bird.physicsBody?.velocity = CGVectorMake(0，  0)
            bird.physicsBody?.applyImpulse(CGVectorMake(0，  30))

        }
    }else if canRestart {
        self.resetScene()
    }
}
```

21.8   本章小结

　　Flappybird 是个十分简单的游戏，但是其中运用到了游戏引擎中不可或缺的物理引擎和碰撞检测，这个例子更像是一个更复杂游戏的缩影，阐释了一个游戏的开发步骤和功能架构。

第 22 章　经典游戏——打砖块

打砖块是一款在任意游戏平台都十分经典的游戏，玩法简单但变化无穷，这一章我们会以这个经典玩法为案例继续学习 Swift 游戏开发。

学习要点

➢ 游戏逻辑
➢ 资源准备
➢ 游戏界面准备

22.1　游戏逻辑

在打砖块游戏中，主要存在三种类型的精灵，即小球、挡板和砖块。利用下方的挡板不断回弹小球来击打屏幕上方的砖块，当全部砖块都被小球敲掉后，游戏结束，如果小球掉入挡板之下的空间，则游戏失败。如图 22-1 所示。

图 22-1　打砖块游戏效果图

先将这个游戏按程序实现的逻辑加以分析，比较显然的是小球和挡板还有砖块之间存在碰撞关系，另外为了防止小球飞出屏幕外，小球和屏幕边缘也存在碰撞关系，当小球落入挡板下方区域后，需要停止游戏，因此也需要对这个区域进行检测。综合上述内容发现，共需要设置 5 个用于检测碰撞的掩码，弄清楚这些后便可以开始实现工作了。

22.2 资源准备

为了让游戏的体验更加到位，这个游戏会使用到更加复杂的资源，在小球撞击砖块和挡板时会播放一段音效。在游戏结束时，也会反馈一个比较遗憾的声音，将它们导入到工程中，如图 22-2 所示。

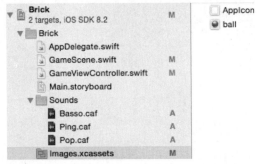

图 22-2　将小球的图片和三个声音导入到工程中

22.3 游戏界面准备

创建一个新的工程，并为类 GameScene 增加一个新的构造器：

```
required init?(coder aDecoder: NSCoder) {
    super.init(coder: aDecoder)
}

override init(size aSize: CGSize) {

    super.init(size: aSiz
```

在 GameViewController.swift 中调用这个构造器即可生成一个和屏幕尺寸一致的游戏场景：

```
override func viewDidLoad() {
    super.viewDidLoad()

    let scene = GameScene(size:view.frame.size)
    // Configure the view.
    let skView = self.view as SKView
    skView.showsFPS = true
    skView.showsNodeCount = true

    /* Sprite Kit applies additional optimizations to improve rendering performance */
    skView.ignoresSiblingOrder = true

    /* Set the scale mode to scale to fit the window */
    scene.scaleMode = .AspectFill

    skView.presentScene(scene)

}
```

22.4　创建一个小球

先在 GameScene 类中实现对小球的定义，并按照逻辑分析一节中的内容预定义碰撞检测掩码：

```
class GameScene: SKScene, SKPhysicsContactDelegate {

    var ball:SKSpriteNode!

    let wallMask     : UInt32 = 1 << 0
    let ballMask     : UInt32 = 1 << 1
    let brickMask    : UInt32 = 1 << 2
    let padMask      : UInt32 = 1 << 3
    let deadZoneMask : UInt32 = 1 << 4

    required init?(coder aDecoder: NSCoder) {
        super.init(coder: aDecoder)
    }

    override init(size aSize: CGSize) {

        super.init(size: aSize)

        physicsWorld.gravity = CGVector(dx: 0,  dy: 0)
        physicsWorld.contactDelegate = self
        //创建一个物理引擎，并指定没有重力方向，设定碰撞检测代理

        ball = SKSpriteNode(imageNamed: "ball")
        ball.size = CGSize(width: 16,  height: 16)
        ball.position = CGPoint(x:size.width / 2,  y:size.height / 2)
        ball.physicsBody = SKPhysicsBody(circleOfRadius:ball.size.width / 2)
        // 创建小球精灵，并赋予一个物理实体
        ball.physicsBody?.categoryBitMask = ballMask
        ball.physicsBody?.friction = 0.0 // 没有摩擦
        ball.physicsBody?.restitution = 1.0 // 完全弹性碰撞
        ball.physicsBody?.linearDamping = 0.0 // 线性阻尼为 0
        ball.physicsBody?.contactTestBitMask = brickMask|padMask|deadZoneMask|wallMask
            //设置相关的碰撞掩码
        addChild(ball)
    }
}
```

在这里要着重介绍物理实体中的几个新使用到的属性:摩擦力（friction）、恢复系数（restitution）和阻尼（damping）。

（1）摩擦力（friction）：这个属性决定了物体的光滑程度。取值范围为从 0（在表面滑动时，物体滑动很顺畅，就像小冰块似的）～1.0（在表面滑动时，物体会很快地停止）。默认值是 0.2。

（2）恢复系数（restitution）：描述了当物理实体从另一个物体上弹出时，还拥有多少能量。基本上更习惯称之为"反弹力"。它的取值介于 0（完全不会反弹）～1.0（和物体碰撞反弹时所受的力与刚开始碰撞时的力的大小相同）之间。默认值是 0.2。

（3）阻尼（damping）：在 SpriteKit 中可以细分为线速度阻尼（linerDamping）和角速度阻尼（angularDamping）。这些参数影响线速度和角速度随着时间衰减的多少。取值范围为 0（速度从不衰减）～1.0（速度立即衰减）。默认值是 0.1。

参照上面的定义可以了解到，在上面的代码中定义了一个理论上完美的小球，这个小球不受摩擦力和碰撞影响，一旦赋予一个初始速度，便会一直地运动下去，如图 22-3 所示。

图 22-3　静止的小球

22.4.1　给小球一个初始速度

通过上面的代码创建的小球并不会和我们预想的一样在屏幕中运动，所以要赋予小球一个初始的冲量（applyImpulse），这个冲量便会让小球朝我们定义好的方向运动起来，为了更方便地控制小球，将这段代码封装在一个方法 fire() 里：

```
func fire() {
    ball.physicsBody?.applyImpulse(CGVector(dx: CGFloat(arc4random() % 2 == 0 ? -0.5 : 0.5),  dy: 1))
}
```

fire 的内容很简单，只有一行代码，随机生成了一个方向上的向量，并将这个向量作为冲量赋予给小球，现在我们重新编译运行程序发现小球没有静止在屏幕的中心，它已经可以运动了。

22.4.2　给小球规定一个运动的范围

在程序逻辑分析时注意到，并不希望小球可以飞出屏幕之外，为了给小球一个合适的运行范围，如碰撞到屏幕边缘后可以反弹，可以定义一个物理边界：

```
physicsBody = SKPhysicsBody(edgeLoopFromRect: frame)
physicsBody?.categoryBitMask = wallMask
physicsBody?.dynamic = false
```

物理边界的定义和之前的物理体最大的不同之处就是它的结果是一个定义的矩形框，并不是一个"实心"的物理体。在这里我们期望的边界和场景的大小一致，所以直接将这个物理边界赋予为这个场景的物理实体。

现在小球在碰撞屏幕边界后便会发生反弹效果，不断在屏幕范围内运动，如图 22-4 所示。

图 22-4 碰撞屏幕边界后发生反弹

22.5 创建挡板

挡板是用来阻止小球下落的工具，也是在游戏中，玩家唯一可以操控的精灵，由于希望挡板可以随着手指在屏幕上的位置左右移动，所以使用了另外一个方法来获取手指滑动的信息。

先在场景 GameScene 定义挡板属性：

```
var pad:SKSpriteNode!
```

在构造器中创建实体：

```
pad = SKSpriteNode(color: UIColor.whiteColor(),    size: CGSize(width: 60，  height: 8))
pad.position = CGPoint(x: CGFloat(size.width/2),   y: 80)
pad.physicsBody = SKPhysicsBody(rectangleOfSize: pad.size)
pad.physicsBody?.categoryBitMask = padMask
pad.physicsBody?.dynamic = false
```

挡板精灵的定义都比较常规，我们制定了颜色和大小还有位置，并且赋予了碰撞掩码，需要注意的是，并不希望当小球撞击挡板后，挡板会因此发生移动或者旋转，所以将属性 dynamic 设置为 false。

⭐提示 动态性(dynamic)：有时候想使物理实体可以碰撞检测，但是想使用手动方式或者 action 的方式自己去移动物体时，可以简单地把这个属性设置为 NO，物理引擎就会忽略所有作用在物理实体上的推力和脉冲力，让操作者自己负责物体的移动。

虽然通过重写 func touchesBegan(touches：NSSet，withEvent event: UIEvent)方法来完成对点击屏幕事件的检测，但是在这里简单地点击可能并不适用于移动挡板。

所以通过重写它的姊妹方法 touchesMoved 来完成这个功能：

```
override func touchesMoved(touches: NSSet，  withEvent event: UIEvent) {

    for touch: AnyObject in touches {
        let location = touch.locationInNode(self)
        pad!.position = CGPoint(x: CGFloat(location.x),  y: CGFloat(pad!.position.y))
    }
}
```

touchesMoved 方法和 touchesBegan 的方法类似，只不过调用时机改为每当手指移动时这个方法便会被调用，所以在这里实时地取到手指当前的横坐标，用来更新挡板的位置便可以达到效果。

现在便拥有了一个基本的游戏交互，如图 22-5 所示。

图 22-5 用挡板阻止小球下落

22.6 生成砖块

有了可以操作的挡板和运动的小球之后，接下来继续定义砖块，砖块主要用于被小球击打后消失，当场景中的全部砖块都被消掉之后游戏结束。先定义一个集合属性来管理生成的所有砖块：

```
var bricks = NSMutableSet()
```

这里为了方便并没有使用 Swift 中的原生集合类型，使用 NSMutableSet 的好处在于并不关注集合中元素的先后顺序，NSMutableSet 也提供默认的方法可以快速清空和去掉一个指定的元素。

为了方便实现重置游戏功能，将生成砖块的代码封装进一个方法，并命名为 reset：

```
func reset()
{
    bricks.removeAllObjects()
    let originY = size.height - 20
```

```
for (color， y) in [
    (UIColor.redColor()，        originY-0),
    (UIColor.orangeColor()，     originY-15),
    (UIColor.yellowColor()，     originY-30),
    (UIColor.greenColor()，      originY-45),
    (UIColor.blueColor()，       originY-60),
    ] {
        let n = 10
        let blockWidth = size.width / CGFloat(n)
        let blockSize = CGSize(width:0.9*blockWidth，  height:13)

        for i in 0..<n {
            let sprite = SKSpriteNode(color:color，  size:blockSize)
            sprite.position = CGPoint(x:(CGFloat(i) + 0.5) * blockWidth，  y:y)
            sprite.physicsBody = SKPhysicsBody(rectangleOfSize: sprite.size)
            sprite.physicsBody?.categoryBitMask = brickMask
            sprite.physicsBody?.dynamic = false
            addChild(sprite)
            bricks.addObject(sprite)
        }
    }
}
```

在 reset 方法中，定义了一组颜色来显示不同行数的砖块，通过循环逐个生成砖块并添加到
bricks 集合中，方便统一管理，如图 22-6 所示为在构造器中调用 reset()方法后，可以发现游戏看起
来已经距离期望的效果不远了。

图 22-6 为游戏加入砖块

为了使小球和砖块发生碰撞后可以消除，可以使用方法 didBeginContact，在使用这个方法时要注
意的是碰撞发生在两个精灵之间，当支持碰撞的物体变多时，需要多次判断才能找出需要区别的对象。

```
func didBeginContact(contact: SKPhysicsContact!) {
    var ballBody， againstBody: SKPhysicsBody
```

```
if (contact.bodyA.categoryBitMask & ballMask) != 0 {
    ballBody = contact.bodyA
    againstBody = contact.bodyB
} else if (contact.bodyB.categoryBitMask & ballMask) != 0 {
    ballBody = contact.bodyB
    againstBody = contact.bodyA
} else {
    abort()
}
switch againstBody.categoryBitMask {
case wallMask：
    println("hit wall")
case brickMask ：
    bricks.removeObject(againstBody.node!)
    againstBody.node?.removeFromParent()
case padMask：
    println("hit pad")
    case padMask：
    println("hit pad")
case deadZoneMask：
    println("hit deadZone")
default：
    println("unknow")
}
}
```

在 didBeginContact 方法中，先确定好了碰撞的两个精灵中的小球实体，然后利用 switch 语句和碰撞掩码来区分小球碰撞不同物体的情况(因为在这个游戏中只有小球有碰撞多个物体的情况)。当确定是碰撞砖块时，便可以将被碰撞的砖块移除屏幕，并从 bricks 中删掉。

★提 示　当通过 SKPhysicsBody 移除精灵时，要通过调用 node!来获取这个精灵实体。

这样便完成了打砖块的基本游戏逻辑，如图 22-7 所示。

图 22-7　小球可以通过撞击消除砖块

22.7 创建死亡区域

下面还需要判断挡板没有接住小球的情况，当这种情况发生时会导致游戏失败，可以创建属性 deadZone 和判断是否失败的标志位：

```
var deadZone:SKSpriteNode!
```

指定这个精灵的位置在屏幕的最底部：

```
deadZone = SKSpriteNode(color:UIColor.redColor()，  size:CGSize(width:size.width，  height:10))
deadZone.position = CGPoint(x:size.width / 2，  y:deadZone.size.height / 2)
deadZone.physicsBody = SKPhysicsBody(rectangleOfSize:deadZone.size)
deadZone.physicsBody?.categoryBitMask = deadZoneMask
deadZone.physicsBody?.dynamic = false
addChild(deadZone)
```

当小球接触到底部后，我们将标志位更新为 true 并将小球静止：

```
func didBeginContact(contact: SKPhysicsContact!) {
    …
    case deadZoneMask：
        println("hit deadZone")

        ball.physicsBody?.velocity = CGVector(dx: 0，  dy: 0)
        hasFinish = true
    default：
        println("unknow")
    }
}
```

主要功能便完成了，如图 22-8 所示。

图 22-8　小球碰撞死亡区域游戏停止

22.8　完善游戏的更多细节

22.8.1　添加音效

　　一个合适的音效，会让游戏给玩家带来更多体验，在这里将为小球撞击砖块、挡板和死亡区域这三种情况时赋予不同的音效，先创建三个 SKAction 属性用来播放声音：

```
var brickSound， padSound， deadSound: SKAction!
```

　　在构造器中将它们初始化：

```
brickSound = SKAction.playSoundFileNamed("Pop.caf"， waitForCompletion:false)
padSound = SKAction.playSoundFileNamed("Ping.caf"， waitForCompletion:false)
deadSound = SKAction.playSoundFileNamed("Basso.caf"， waitForCompletion:false)
```

　　在碰撞检测中的对应位置调用它们即可：

```
    func didBeginContact(contact: SKPhysicsContact!) {
        …
        switch againstBody.categoryBitMask {
        case wallMask:
            println("hit wall")
        case brickMask :
            runAction(brickSound)
…
        case padMask:
            runAction(padSound)
…
        case deadZoneMask:
            runAction(deadSound)
            ..
        default:
            println("unknow")
        }
    }
```

22.8.2　重置游戏和初始位置

　　在游戏停止之后，希望可以重置游戏并再次开始游戏，下面通过 touchBegan 方法来实现：

```
override func touchesBegan(touches: NSSet， withEvent event: UIEvent) {
    if(hasFinish) {
        hasFinish = false
        reset()
        fire()
    }
}
```

　　在 reset 方法中加入了两个代码，用来重置挡板和小球的初始位置：

```
pad.position = CGPoint(x: CGFloat(size.width/2)， y: 80)
ball.position = CGPoint(x:size.width / 2， y:pad.position.y+10)
```

22.8.3 增加难度系数

一个游戏在体验过程中如果没有难度增加会让玩家觉得无聊，在这里可以通过小球速度不断加快来达到增加难度的目的，加快的时机可以选择在砖块被消除的时刻：

```
func didBeginContact(contact: SKPhysicsContact!) {
    …
    switch againstBody.categoryBitMask {
    …
    case brickMask :
        runAction(brickSound)
        let v = ballBody.velocity
        let n = hypotf(Float(v.dx),   Float(v.dy))
        let av = CGVector(dx: CGFloat(0.1 * Float(v.dx) / n),   dy: CGFloat(0.1 * Float(v.dy) / n))
        ballBody.applyImpulse(av)
        bricks.removeObject(againstBody.node!)
        againstBody.node?.removeFromParent()
    case padMask：
    …
    }
}
```

22.8.4 成功/失败画面

当玩家消除所有的砖块后，要给予鼓励，弹出欢迎画面；失败时也同样需要给出对应引导。

首先在构造器中创建文本标签：

```
infoLabelNode = SKLabelNode(text: "")
infoLabelNode.position = CGPointMake( CGRectGetMidX( self.frame ),   CGRectGetMidY( self.frame ) )
infoLabelNode.zPosition = 100
infoLabelNode.fontColor = UIColor.redColor()
infoLabelNode.fontName = "MarkerFelt-Wide"
infoLabelNode.fontSize = 40
self.addChild(infoLabelNode)


tipLabelNode = SKLabelNode(text: "")
tipLabelNode.position = CGPointMake( CGRectGetMidX( self.frame ),   CGRectGetMidY( self.frame )-30)
tipLabelNode.zPosition = 100
tipLabelNode.fontColor = UIColor.lightGrayColor()
tipLabelNode.fontSize = 20
self.addChild(tipLabelNode)
```

继续完善 didBeginContact 为：

```
func didBeginContact(contact: SKPhysicsContact!) {
    var ballBody，   againstBody: SKPhysicsBody

    if (contact.bodyA.categoryBitMask & ballMask) != 0 {
        ballBody = contact.bodyA
        againstBody = contact.bodyB
    } else if (contact.bodyB.categoryBitMask & ballMask) != 0 {
```

```
            ballBody = contact.bodyB
            againstBody = contact.bodyA
        } else {
            NSLog("something odd...")
            abort()
        }
    switch againstBody.categoryBitMask {
    case wallMask：
        println("hit wall")
    case brickMask ：
        runAction(brickSound)
        let v = ballBody.velocity
        let n = hypotf(Float(v.dx)，  Float(v.dy))
        let av = CGVector(dx: CGFloat(0.1 * Float(v.dx) / n)，  dy: CGFloat(0.1 * Float(v.dy) / n))
        ballBody.applyImpulse(av)
        bricks.removeObject(againstBody.node!)
        againstBody.node?.removeFromParent()

        if bricks.count == 0 {
            ball.physicsBody?.velocity = CGVector(dx: 0，  dy: 0)
            hasFinish = true
            infoLabelNode.text = "Congratulations!"
            infoLabelNode.fontColor = UIColor.redColor()
            tipLabelNode.text =  "Tap anywhere to continue"
        }

    case padMask:
        runAction(padSound)
        println("hit pad")
    case deadZoneMask:
        runAction(deadSound)
        println("hit deadZone")
        ball.physicsBody?.velocity = CGVector(dx: 0，  dy: 0)
        hasFinish = true

        infoLabelNode.text = "Sorry!"
        infoLabelNode.fontColor = UIColor.greenColor()
        tipLabelNode.text =  "Tap anywhere to try again"
    default：
        println("unknow")
    }
}
```

同时在 reset 方法中添加代码：

```
infoLabelNode.text = ""
tipLabelNode.text =  ""
```

这样便拥有了对应的成功画面和失败画面，如图 22-9 和图 2-10 所示。

图 22-9 游戏失败画面

图 22-10 游戏成功画面

22.9 本章小结

打砖块游戏是从另一个角度使用 SpriteKit 开发游戏的范例。在这个基本的游戏玩法之上还可以派生出多种衍生的小游戏，大家可以根据自己的想法来创作属于自己的打砖块进阶玩法。